D1723609

ALLE ZEIT WACH
1842

Die Idee der Universität

Versuch einer Standortbestimmung

von

Manfred Eigen · Hans-Georg Gadamer
Jürgen Habermas · Wolf Lepenies
Hermann Lübbe · Klaus Michael Meyer-Abich

Mit 4 Abbildungen

Springer-Verlag
Berlin Heidelberg New York
London Paris Tokyo

ISBN 3-540-18461-9 Springer-Verlag Berlin Heidelberg New York
ISBN 0-387-18461-9 Springer-Verlag New York Berlin Heidelberg

CIP-Titelaufnahme der Deutschen Bibliothek

Die Idee der Universität : Versuch e. Standortbestimmung / M. Eigen ... –
Berlin ; Heidelberg ; New York ; London ; Paris ; Tokyo: Springer, 1988
ISBN 3-540-18461-9 (Berlin ...) brosch.
ISBN 0-387-18461-9 (New York ...) brosch.
NE: Eigen, Manfred [Mitverf.]

Gesamtherstellung: Konrad Triltsch, Würzburg
2125/3130-543210

Vorwort

Anläßlich der 600-Jahrfeier der Ruperto-Carola-Universität Heidelberg und parallel zu den über das ganze Jahr verteilten vielfältigen Aktivitäten, Symposien und Festvorträgen der Universität entschied der Gemeinderat der Stadt Heidelberg, sich nicht nur mit der „Stadt-Heidelberg-Stiftung“ und deren Stiftungskapital von 2 Mio. DM, sondern auch mit einer Vortagsreihe an dem Jubiläumsjahr zu beteiligen.

Schien es doch legitim, daß die Stadt, die seit sechs Jahrhunderten mit der Universität lebt, über ihre traditionsreichste Einrichtung nachdenken wollte.

Als Titel der Vortragsreihe bot sich jener Titel an, den Karl Jaspers 1946 seiner Schrift über die Heidelberger Universität gegeben hatte: Die Idee der Universität.

Im Wintersemester 1985/86 und Sommersemester 1986 hielten sechs hervorragende Vertreter interdisziplinärer Forschung und Lehre Vorträge, die in diesem Band zusammengefaßt sind.

Im Wintersemester versuchten die Beiträge des Heidelberger Philosophen und Jaspers-Nachfolgers Prof. Gadamer, des Hamburger Wissenschaftssenators Prof. Meyer-Abich und des Vizepräsidenten des Wissenschaftskollegs, Prof. Lepenies, den Standort der Universität in der Geschichte, der politischen Gegenwart der Bundesrepublik Deutschland und im internationalen Vergleich zu bestimmen.

Im Sommersemester konzentrierten sich die Beiträge des Nobelpreisträgers Prof. Eigen, Max-Planck-Institut Göttingen, Prof. Lübbe, Zürich und Prof. Habermas, Frankfurt, auf die innere Entwicklung der Universität und die Reformbestrebungen der letzten Jahrzehnte.

In seiner Schrift „Die Idee der Universität" bestimmt Karl Jaspers: „Die Aufgabe der Universität ist die Wissenschaft. Aber Forschung und Lehre der Wissenschaft dienen der Bildung geistigen Lebens als Offenbarwerden der Wahrheit".

Das gemeinsame Bemühen um Wahrheit ließ es gerechtfertigt erscheinen, diese Vortragsreihe im Theater der Stadt durchzuführen, zumal unsere Theaterarbeit ohne die Lehrenden und Lernenden in der Universität wichtige Anregungen verlieren würde.

Den vorliegenden Band, der die sechs Vorträge zusammenfaßt, begreifen wir als ein Bemühen der Stadt und ihrer Bürger, einen Beitrag zur Auseinandersetzung mit der Idee und der Wirklichkeit „ihrer" Universität zu leisten.

Heidelberg,
November 1987

Reinhold Zundel
Oberbürgermeister

Inhaltsverzeichnis

Mitarbeiterverzeichnis

Prof. Dr. Dr. h. c. mult. MANFRED EIGEN
Direktor, Max-Planck-Institut für biophysikalische Chemie
Am Faßberg, 3400 Göttingen

Prof. Dr. HANS-GEORG GADAMER
Am Büchsenackerhang 53, 6900 Heidelberg

Prof. Dr. JÜRGEN HABERMAS
Johann Wolfgang Goethe-Universität, FB Philosophie
Dantestraße 4–6, 6000 Frankfurt/Main

Prof. Dr. WOLF LEPENIES
Wissenschaftskolleg zu Berlin
Wallotstraße 9, 1000 Berlin 33

Prof. Dr. HERMANN LÜBBE
Philosophisches Seminar der Universität Zürich
Rämistraße 71, CH-8006 Zürich

Sen. Prof. Dr. KLAUS MICHAEL MEYER-ABICH
Behörde für Wissenschaft und Forschung
Hamburger Straße 37, 2000 Hamburg 76

Die Idee der Universität – gestern, heute, morgen

Hans-Georg Gadamer

Das Thema, das mir hier vorgeschlagen wurde, ist durch das Vorbild und den Vorgang meines Amtsvorgängers, Karl Jaspers, an dieser Universität besonders eingeführt. So folge ich der Anregung, darüber nachzudenken, wie wir heute die Universität, ihre Idee und ihre Wirklichkeit, einschätzen. Wenn ich dazu das Wort ergreife, nehme ich eine doppelte Legitimation in Anspruch. Die eine ist die der Distanz des Alters, das mir möglich macht, in einem Abstand von beinahe zwei Jahrzehnten, in denen ich nicht mehr aktives Mitglied dieser Universität bin, auf die Universität von heute hinzublicken. Auf der anderen Seite ist es das allgemeine Amt des Philosophen, Distanz zu suchen, als einen Grundwert zu pflegen, ja als einen fundamentalen menschlichen Auftrag anzusehen.

Ich möchte mein Nachdenken in einer freien Auswahl von Bemerkungen vortragen, nicht als ein Festredner. Ich möchte vielmehr zum Ausdruck bringen, was mich bewegt. Wenn ich die Formulierung wählte, „Die Idee der Universität – gestern, heute, morgen“, so meint das nicht, daß ich einen geschichtlichen Rückblick oder eine seherhafte Prognose unternehmen will. Vielmehr suche ich aus der Perspektive von heute, das immer zwischen gestern und morgen steht, meine Gedanken zu ordnen. Wenn ich den Titel von Jaspers' dreifacher öffentlicher Stellungnahme zur Idee der Universität, aus den Jahren 1923, 1945 und 1961 hier wiederhole, so meint das auch nicht, daß ich mich dieser Reihe anreihen und im gleichen Sinne Stellung nehmen will. Jeder muß auf seine Weise mit der Wirklichkeit zurecht kommen, und ich meine, wer mit der Wirklichkeit zurecht kommen will, muß erkennen, daß Idee und Wirklichkeit immer zusammengehören und immer auseinanderklaffen.

Nur kurz möchte ich daran erinnern, daß die besondere Gestalt der Universität, die sich in unserem deutschen Kulturbereich entwickelt hat, inzwischen eine Art Modellfigur für hohe Schulen in vielen Ländern dieser Erde geworden ist. Die Humboldtsche Neugründung der Universität Berlin war Ausdruck preußisch-protestantischer Kritik an einem mehr oder minder schulmäßigen Lehr- und Lernbetrieb im Zeitalter der Aufklärung. Als dieses Modell steht es in unser aller Bewußtsein. Das aber schließt ein, daß uns die kritische Lage bewußt ist, in der diese Idee damals ihre Wirklichkeit zu suchen begann. Daß es nicht etwas ganz Neues und vielleicht auch nicht etwas ganz Schlechtes ist, wenn eine Nation – oder gar die Menschheit – sich in einer kritischen Lage weiß, mag uns von da aus einleuchten. Jedenfalls war es wirklich eine überaus kritische Lage, in der die Humboldtsche Universitätsreform, in ärmster und finsterster Erniedrigung des preußischen Staates, ihre nationalen Kräfte und ihr Kulturbewußtsein zu erneuern und zu akademischer Freiheit zu gestalten unternahm. Sie wurde das Vorbild des 19. und 20. Jahrhunderts. Gewiß gab es und gibt es ideologisch geprägte hohe Schulen, so im Bereiche der katholischen Kirchentradition oder anderswo im Bereiche des staatlich gelehrten Atheismus. Aber das ändert alles nichts daran, daß die Idee der Universität, wie sie sich in den letzten zwei Jahrhunderten entwickelt hat, in Wahrheit überall den Übergang von der *doctrina* zur *Forschung* meint, oder mit Wilhelm von Humboldt zu definieren: den

Übergang zur „Wissenschaft, die noch nicht ganz gefunden ist". Wir nennen das Forschung, und wir finden es mit der Idee der Universität zutiefst verbunden, an Forschung teilzugeben. Teilgewinnung an wissenschaftlicher Forschung ist aber nicht Vorbereitung für einen Beruf, in dem Wissenschaft zur Anwendung gelangt, sondern meint „Bildung". Das Wort Bildung ist freilich kein sehr beliebtes Wort mehr und hat seine wahre Bedeutung eingebüßt, als es einen Klassenunterschied zwischen der Klasse der Gebildeten gegenüber dem Ungebildeten zu markieren begann.

Humboldt selbst hatte nicht so sehr die Lehrleistung des Professors oder den Forschungsertrag wissenschaftlicher Arbeit im Auge, wenn er die Universität auf die Idee der Bildung gründete. Was er mit dem Wort bezeichnen wollte, war nicht der Gegensatz zum Ungebildeten, sondern erklärte sich gegen die Ausrichtung der Universität als Berufsschule, meinte also den Gegensatz zum Fachmann. Das Wort bezeichnete den Abstand von allen Nützlichkeiten und Brauchbarkeiten. Was im hohen Sinne einer „Wissenschaft, die noch nicht ganz gefunden ist" liegt, „das Leben in Ideen", das die Jugend an der Universität vereinigen soll, ist dazu bestimmt, ihr durch Wissen den Horizont für die gesamte Wirklichkeit zu erschließen und damit auch den Überstieg über diese Wirklichkeit zu öffnen. Dazu bedürfe es zweierlei, der Einsamkeit und der Freiheit. Von Einsamkeit hat Humboldt, einer der meist introvertierten großen Männer des Geistes, besonders gewußt, und Freiheit, um die zu kämpfen das weltgeschichtliche Schicksal der Menschheit ausmacht, sollte gerade auch in diesem „Leben in Ideen" an der Universität ermöglicht werden. Die Freiheit der Studiengestaltung und die Einsamkeit der forschenden Arbeit waren die großen Grundwerte dieser Idee der Universität. Daß es sich stets auch darum handelt, diese Werte für die

Vorbildung in den Berufen des staatlichen Lebens fruchtbar zu machen, war für Humboldt selbstverständlich. Die Juristen wie die Mediziner waren es ja gewesen, in deren Berufsvorbildung an den Universitäten sich ehedem der humanistische Gedanke der Erneuerung der antiken Bildung in unserer Geschichte formiert hat, um mit den Geistlichen und den Lehrern zusammen an der neuen Aufgabe zu wirken. Ihnen die Idee der Bildung zu vermittlen, war gerade die Auszeichnung der neuen Humboldtschen Tat. Daß das durch Teilhabe an der Forschung geschehen kann, war gewiß ein Ideal, das in den frühen Anfängen der Humboldtschen Reform von einem größeren Durchschnitt damaliger Studenten erreicht werden konnte als heute möglich ist. Und doch ist es bis heute das Ziel unserer eigentlichen Anstrengungen.

Damit sind wir vor unsere eigene Aufgabe gestellt. Wir müssen uns der kritischen Lage bewußt werden, in der sich die Universität heute befindet. Wir leben im Zeitalter der Industriegesellschaft. Die Zeit, die ich mit Ihnen durchmustern möchte, um unsere Lage zu erkennen, ist die Zeit, in der sich diese Industriegesellschaft formiert hat und in der sich die Aufgabe der Universität in ein eigentümlich neuartiges Spannungsverhältnis zur Praxis des Lebens versetzt sah. Heute wird Forschung nicht allein an den Universitäten getrieben. Ja, es ist schwierig geworden, an den Universitäten so weit Forschung zu treiben, daß der Student an ihrer bildenden Idee überhaupt teilgewinnen kann. Die Gründe für diese kritische Lage werden wir zu erörtern haben, Abhilfe werden wir nur bei uns selber finden. Wir müssen einsehen, daß die Industriegesellschaft durch die Formung des gesamten Lebensstils auch auf die Universität ihre indirekte Wirkung ausübt, vor allem auch dank der ungeheueren Kostenexplosion, die der Forschung von heute zugrundeliegt und aufgrund deren seit langem die Industrie aus eigenen Mitteln auch den Universitäten Unterstützung zufließen läßt. Was Universitätsinstitute und Universitätsforschung neben den beherrschenden Interessen der Wirtschaft sein können und sollen, das zu rechtfertigen ist seit Jahrzehnten in einer Unterscheidung zum Ausdruck gekommen, die es nicht gibt. Ich meine die Unterscheidung zwischen Zweckforschung und Grundlagenforschung. In Wahrheit gibt es keine andere Forschung als Grundlagenforschung. Das heißt, es gibt keine andere Forschung als diejenige Forschung, die sich nicht in ihrem eigenen Tun um die praktischen und pragmatischen Zwecke besorgt, die damit verbunden sein mögen. Die Freiheit des Erkennenwollens besteht gerade darin, bis auf den Grund aller möglichen Zweifel und ihrer eigenen möglichen Selbstkritik zu gelangen. Damit ist bereits bezeichnet, daß die Lage der Universität in der modernen Gesellschaft unvermeidlicher Weise eine kritische ist. Sie muß ein Gleichgewicht zwischen der Aufgabe der Berufsvorbildung und der Bildungsaufgabe, die in Wesen und Wirkung der Forschung liegt, zu finden suchen. Nicht umsonst hat sich sogar das Kennwort der industriellen Arbeit, nämlich das Wort „Betrieb", bis auf den Forschungssektor ausgedehnt. Wir reden mit voller Unbefangenheit vom Forschungsbetrieb und sehen all das, worin wir tätig sind, als Betriebseinrichtungen an. In der Tat hängen am Forschungs- und Lehrbetrieb alle die Berufe, die wir kennen, der Arzt, der Jurist, der Volkswirt, der Geistliche und nicht zu vergessen alle, die indirekt durch ihr Berufsdasein den weitesten Wirkungsraum im modernen Staate ausfüllen, die Lehrer. Es ist eine ständige Auseinandersetzung zwischen der Bildungsaufgabe der Universität und dem praktischen Nutzen, den Gesellschaft und Staat von ihr erwarten, was wir zu überdenken haben.

Gestern und heute. Blicken wir von heute auf das Gestern. Damit meine ich jetzt nicht die ganze lange Geschichte der Universität, sondern die besondere Entwicklung der Universität im Industriezeitalter, und das heißt zugleich im Zeitalter der sich entfremdenden Bildung. Dabei handelt es sich natürlich nicht um ein deutsches Sonderphänomen. Es ist ein Weltvorgang, innerhalb dessen sich die Frage stellt. Doch müssen wir von den besonderen Bedingungen unserer eigenen Geschichte, unserer eigenen akademischen Einrichtungen und der Lebensformen unserer Gesellschaft aus, das allgemeine Problem nachdenklich erörtern. Das Industriezeitalter des 19. und das langsam seinem Ende zuneigende 20. Jahrhundert stehen im Zeichen dieser Fragestellung. So war lange Zeit die Fortwirkung der Humboldtschen Universitätsreform auf eine Universität für die bürgerliche Elite gerichtet. Wir sollten anerkennen, daß diese Einrichtung für eine solche Elite eine ganz hervorragende, von der gesamten Welt anerkannte und oft zum Vorbild genommene Schöpfung war. Wir sollten aber ebenso erkennen, daß das Schrittgesetz unserer Zivilisation mit steigender wissenschaftlicher Spezialleistung sinkende Bildung erkaufen muß. Vollends müssen wir erkennen, daß der Ort der „akademischen Welt" im ganzen der Gesellschaft zweifelhaft geworden ist.

Wenn ich mich an meine eigenen Anfänge erinnere: ich habe noch die letzten wilhelminischen Semester an einer Universität zugebracht, während des 1. Weltkrieges, und dann die Zeit der schwierigen ersten Nachkriegsjahre. Wir wissen alle, wie hart die Lebenbedingungen im damaligen Deutschland geworden waren. Die Republik versuchte in ehrlicher Bemühung die alte Traditionsform einer bürgerlichen und teilweise vom Adel mitgetragenen Elite-Bildung grundsätzlich allen Teilen der deutschen Bevölkerung zugänglich zu machen. Der Stand der Akademiker wurde damit das legitime Ziel all derer, die sich ihrer geistigen Anlage und Neigung nach das Studium zutrauten, wenigstens der Idee nach. Damit war es mit der alten Traditionsgestalt vorbei, die sich eine Gesellschaftsklasse gegeben hatte. Als ich Student wurde, gab es zwar noch das studentische Leben in den traditionellen Verbindungen mit allen ihren alten Bräuchen, die in den Altherrenschaften und ihren Idealen durch die Kette der Generationen weiterlebten. Im Grunde war es jedoch der Freistudent, der an der Universität seine Lebensform suchte und seine Freundschaften. Dabei sollten wir uns erinnern, daß die Emanzipation vom Elternhause, die von jeher mit dem Studienbeginn verknüpft war, in gewissem Umfang an die Wirtin des Studenten eine Erziehungsaufgabe delegiert hatte, die früher in den korporativen Formen von Wehrdienst und Verbindungswesen ausgeführt worden war. Hier scheint es mir eine Verlustrechnung, die wir heute anzustellen haben, daß es diese Erziehung nicht mehr gibt. Es stellt sich damit für die Jugend eine neue Aufgabe einer nicht durch Institutionen getragenen Selbsterziehung. Hier muß ich aus der Erfahrung in anderen Ländern sagen, mit welcher Bewunderung ich etwa das Niveau der Selbsterziehung des amerikanischen Studenten ansehe. Das ist erstaunlich, wie aus diesen Rowdys, vor denen selbst die eignen Eltern nicht ganz sicher sind, in wenigen Jahren höfliche, disziplinierte und sehr vernünftige junge Leute werden. Noch nie hat mich ein amerikanischer Student bei einem Besuch nicht nach 10 Minuten gefragt, ob er noch weiter einen Augenblick meine Zeit in Anspruch nehmen dürfe. Das haben amerikanische Studenten immer getan – ein deutscher sagt das im allgemeinen nicht. Gewiß freue ich mich, wenn man mit mir länger reden will. Ich bewundere aber doch auch den Grad von gegenseitiger Erziehung, der da geleistet worden ist, so daß jeder Besucher gelernt hat, an die anderen Besucher und an den Forscher, dessen Zeit man in Anspruch nimmt, zu denken.

Freilich waren es andere Bedingungen, unter denen man damals studierte. Ich erinnere mich, als ich Marburger Student war, erhielt der dreitausendste Student von der Stadt eine goldene Uhr geschenkt, so glücklich war man über diesen Zuwachs. Wir sind heute wohl in der umgekehrten Lage. Wir würden heute einem Studenten, der den Rückgang der Studentenzahl von dreißigtausend auf dreitausend symbolisierte, willig noch weit mehr als eine goldene Uhr schenken. Wir würden in ihm die Rückkehr eines vernünftigen Verhältnisses zwischen Lehrenden und Lernenden prämieren und damit die Wiederkehr von Chancen der Bildung, die sich mit unserem Lehr- und Forschungsauftrag wirklich vereinigen ließen.

Es liegt mir fern, meine eigene akademische Jugendzeit romantisch zu verklären. Die Schwierigkeiten, die die junge Weimarer Republik auch im Bereiche der Universitäten zu bestehen hatte, sind ja bekannt. Gewiß konnte man gerade an der Universität beobachten, wie wenig die deutsche Gesellschaft für ihre Aufgabe einer parlamentarischen Demokratie vorbereitet war und wie ein Auslesesystem fehlte, das wirklich von allen Volksschichten getragen war. Gewiß kein sehr erfreulicher Aspekt des damaligen Universitätslebens. Doch konnte man als Student an den damaligen Universitäten vielleicht besser erfahren als irgend wann sonst, was für eine unbewältigte Traditionslast auf der damaligen deutschen Universität lastete, die ehedem eine Elite-Gesellschaft geformt hatte. Immerhin kann man sagen, daß in der Weimarer Republik zwischen der ideologischen Vorprägung durch die Tradition des früheren Deutschland und dem Suchen und Schaffen neuer Ideale eine lebendige Spannung bestand und damit auch eine echte Freiheit, die sich in der freien Wahl der Interessen, sowohl für die Lehrenden wie für die Lernenden, ausdrückte. Welche falsche nationalistisch-reaktionäre Ideologie sich damals schon in den Universitäten der Weimarer Zeit vorbereitete, die dann in die Naziherrschaft führte, ist bekannt. Was man nicht so gut weiß, weder im Ausland noch in der jüngeren Generation, die uns heute umgibt, ist, wie diese faschistische Ideologisierung an den Universitäten, die mit der Machtergreifung Hitlers zum Siege kam, nach wenigen Jahren an der Studentenschaft selber scheiterte. In der Folge führte das zur Terrorisierung durch Partei und Geheimpolizei. Mit dem Wahnsinn des Krieges und seiner verbrecherischen Fortsetzung wurde dieser Terror, insbesondere gegenüber der studierenden Jugend, immer schlimmer. Man darf sich aber im ganzen nicht täuschen: eine Ideologisierung der Wissenschaft und der akademischen Lehre hat es nur in extremen Fällen gegeben, an die man sich jetzt nicht mehr gern erinnert, denen aber der vernünftige bildungs- und wissensdurstige Student von damals aus dem Wege ging.

Damit sind wir bei unserer Gegenwart und ihrer jüngsten Vorgeschichte angelangt, also bei der Epoche, die mit dem Wiederaufbau einer freien Universität und Gesellschaft begann. Da hat sich offenkundig die Problematik der heutigen Universität bereits vorbereitet. Zunächst herrschte eine Art von Restaurationswahn, nämlich die Idee, es gäbe in der modernen Industriegesellschaft so etwas wie ein „pouvoir neutre“, eine neutrale Stellung der akademischen Institution der Universität im Staate. Die Hauptpointe meiner Darlegung wird sein, zu zeigen, daß das nicht der Fall ist. Freiheit wird uns nicht garantiert, wenn wir nicht den kleinen Freiraum, der uns gelassen ist, selber auszufüllen wissen. So wurde an der Universität Heidelberg der Wiederaufbau mit dem Antrieb begonnen, von einer Tradition, die nicht mehr trägt und lebendig ist, nicht wieder abhängig zu werden, und auf der anderen Seite das, was an dieser Tradition lebendig und kostbar war, in neue Formen zu überführen. So haben wir in Heidelberg – auch ich habe seit 1949 daran teilgenommen – versucht, das studentische Leben, das Zusammenleben der Studentenschaft, in neuen Formen zu gestalten und damit eine neue Tradition zu stiften. Das ist an der Studentenschaft selber gescheitert – aus sehr redlichen Gründen. Der Zwiespalt zwischen den aus dem Kriege Zurückgekommenen und den nachrückenden unerfahrenen jungen Leuten, die als Grünlinge am Ende der vierziger Jahre an die Universität kamen, erlaubte keine Vereinigung, aus der sich innerhalb des studentischen Lebens Traditionsbildung entwickeln konnte. So fehlte es an Formungskräften, die das Zusammenleben der Studentenschaft nach ihrem eigenen Sinne gestalten konnten. Schließlich kam als das eigentliche Problem unserer akademischen Existenz die Massenexplosion zum Ausbruch. In der ganzen Welt war niemand darauf wirklich vorbereitet. Auch das war ein Weltvorgang. In unserer deutschen Tradition waren wir aber besonders schlecht vorbereitet. Denn noch immer leitete uns als Vorbild akademischer Erziehung, zur Forschung anzuleiten und mindestens an Forschung teilzugeben. Das war ein Ideal, das durch die bürgerliche Schul- und Bildungskultur des 19. Jahrhunderts festgehalten wurde, obwohl es bereits im beginnenden 20. Jahrhundert zum Berechtigungswesen verkam. Mit der Verwandlung in eine Massenuniversität mußten sich Strukturprobleme einstellen, für die wir im bloßen quantitativen Ausbau der Universitäten nicht die institutionellen Formen gefunden haben.

Das Resultat ist eine dreifache Entfremdung, die die Gemeinschaft der Lehrenden und Lernenden und ihre Stellung in der Gesellschaft heimgesucht hat. Da ist zunächst das selbstverständliche Verhältnis zwischen dem akademischen Lehrer und seinen Studenten, das die ehemalige „Universitas Scholarum" auszeichnete und auf dessen Existenz und Funktionieren noch die Anrede „Kommilitionen" zurückgeht, weil wir uns alle in der gleichen „Militia" tätig wissen, ob Professoren oder Studenten. Das ist offenkundig ein im Prinzip nicht mehr lösbares Problem geworden. Zum Glück gibt es da immer noch um jeden, der etwas zu sagen hat, solche, die sich nicht nur um ihn scharen, um ihre Scheine zu erwerben und um ein gutes Examen zu machen, sondern die auch mit ihm in Berührung kommen. Der Kreis, der sich um jeden akademischen Lehrer bildet, ist in den Naturwissenschaften und in der Medizin durch andere Gesetzmäßigkeiten einigermaßen vorgezeichnet. Da geht es um den Platz im Laboratorium oder in der klinischen Arbeit, der eine unmittelbare Beziehung zwischen Forschern und Lehrern und den Studierenden erlaubt. Freilich wird auch dort die Präsenz der leitenden Forscher durch die Bürokratisierung der Verwaltung, der man zuviel seiner Zeit widmen muß, herabgemindert. Aber überall anderswo, wo solche Restriktionen durch die Arbeitsmittel und Arbeitsform den direkten Kontakt zwischen Lehrer und Student nicht mehr herbeiführen, ist es eine unlösbare Aufgabe geworden, die unendlichen Zahlen zu bewältigen. Es ist kaum statistisch aussagbar, was für ein Mißverhältnis in Deutschland und in einigen anderen ähnlich rückständigen europäischen Ländern im Verhältnis zwischen Professorenzahl und Studentenzahl besteht. Ich weiß nicht genau, wie es in der östlichen Welt ist. Jedenfalls hat aber die Art des Festhaltens an Formen des akademischen Unterrichts, die wir aus wohlerwogenen Gründen immer noch verteidigen, den heute lehrenden Professor vor allzu große Aufgaben gestellt – und das hat natürlich der Student zu büßen, der den selbstverständlichen

Zugang zu seinem Lehrer nicht mehr recht findet und damit das eigentlich Lehrreiche, nämlich das Vorbild, kaum noch anders als allenfalls vom Katheder her kennt. Die Vermehrung der Unterrichtskräfte durch Assistenten kann in sehr vielen Bereichen des akademischen Unterrichts nicht als eine Beseitigung dieses Engpasses angesehen werden.

Die zweite Entfremdung, die für die Professoren genauso wie für die Studenten gilt, ist die der Wissenschaften gegeneinander. Wo ist die „Universitas Literarum" angesichts der Fraktionierung und Departementierung, die durch die zahlenmäßige Größe der Institutionen unvermeidlich geworden ist? Man kann nicht bestreiten, daß diese Fraktionierung die Universität in Fachschulen zerfallen läßt, die mehr oder minder dicht gegeneinander abgeschottet sind. Man hat alles Mögliche versucht, daß die Organisation der Neuordnung der Fakultäten nicht gar zu unsinnig wird und organische Zusammenhänge all zu sehr zerschneidet. Aber eine Unterbrechung des geistigen Kreislaufes, der zu einer Universität gehört, trat unvermeidlicherweise ein. Die Wissenschaften wissen im Betriebe des Unterrichts all zu wenig voneinander; im Bereich der Forschung mag es besser sein. Wieder haben da die Studenten die Zeche zu zahlen.

Ein drittes ist vielleicht das ernsteste Problem. Ich erinnere daran, daß Humboldt als die eigentliche Aufgabe des Studiums an den Universitäten nicht den Besuch von Vorlesungen oder die Abfassung guter Beiträge zu kleineren Forschungsaufgaben im Bereiche der Seminare und dergleichen ansah, sondern „das Leben in Ideen". Das ist für den Studenten von heute enorm schwierig geworden. Die Entfremdung betrifft gerade auch den einen gegenüber dem anderen und gegenüber der Gesellschaft, in der die Studenten leben. Es ist fast so, als ob mit dem Studentsein ein neuer Berufsstand entstanden wäre. Das hat seine ökonomischen und gesellschaftlichen Hintergründe. Aber ein jeder, der sein Studium ernst nimmt, weiß doch, wie sehr der Stand des Studenten nur eine Vorbereitung für einen wirklichen Platz in der Gesellschaft, das heißt für einen Beruf, darstellt. Auch das ist in unserer Gesellschaft in Deutschland dank ihrer Struktur und Geschichte ein besonderes Problem, das gerade durch die eigentümlichen Vorzüge unserer wissenschaftlichen Kultur gezeitigt wurde.

Lassen Sie uns nun versuchen, den Blick von heute auf morgen zu richten. Nicht, wie es ein Seher tut. Zwar war der homerische Seher, der griechische Seher, auch dadurch ausgezeichnet, daß er die Zukunft nicht kennen konnte, ohne die Vergangenheit und das Gegenwärtige zu kennen. Hier geht es um ein fundamentales Problem, ich meine das Abseits der akademischen Welt. Wo bleibt die Idee der Universität in einer Welt, die im steigenden Maße bei dem in sie Hineinwachsenden Mißtrauen gegen den gesamten Lebenszuschnitt der Gesellschaft hegt und die jeden Appell nur noch mit Mißtrauen anhört? Wie soll die Idee, die vielleicht immer noch das eigentlich Anziehende an dem akademischen Studium ist, Bildung durch Teilhabe an Forschung, in der Wirklichkeit möglich sein?

Wo anders kann eigentlich die Idee sein, wenn nicht in der Wirklichkeit? Es gibt bei Plato ein Wort, das uns auch in diesem Falle zu denken gibt. Es lautet, man könne sich keine Stadt auch nur vorstellen, in der die Idee der Stadt ganz verloren und überhaupt nicht mehr kenntlich wäre. Das ist doch wohl auch unsere Aufgabe, nicht eine Idee als fernes Leitbild vor Augen zu stellen, sondern, sie in der konkreten Wirklichkeit erkennen zu lernen. Das schließt in unserem Falle die Aufgabe ein, das Abseits der akademischen Welt anzuerkennen und zu rechtfertigen. Zwar wäre es eine Illusion, der sich das akademische Leben in Deutschland allzu lange hingegeben hat, noch immer von einer „res publica literaria“ zu träumen, einer Gelehrtenrepublik, die aufgrund alter Privilegien aus dem Mittelalter oder aus beginnenden Staatsbildungen der Neuzeit eine Eigenwelt wäre, die das Ideal der akademischen Freiheit verkörpere und dieselbe garantiere. Unsere Aufgabe ist vielmehr, den Sinn der akademischen Freiheit neu zu definieren. Wir leben in einer modernen Industriewelt, in einem modernen Verwaltungsstaat, in einer durchorganisierten Ordnung des gesellschaftlichen Lebens, von der wir alle abhängen, und in dieser Ordnung haben wir einen bescheidenen Freiraum eingeräumt bekommen. In ihm spielt sich unser Wirken als forschend Lehrende wie als forschend Lernende ab, und das ist wahrlich viel, so aus den engen Netzen des modernen Berufslebens und dem politischen Organisationskalkül für einiges Wichtige ausgenommen zu sein. Romantische Ideen von einer garantierten akademischen Freiheit sind da nicht mehr am Platze. Wir werden für unser Tun andere Legitimationen brauchen und müssen sie schaffen.

Da ist aber noch ein anderes Abseits, das nicht minder lebensnotwendig und unausweichlich ist, so bedenklich es in der gesellschaftlichen Wirklichkeit unserer Zeit aussehen mag. Ich meine die Ferne von der Praxis, die diesem großen Institut von Forschung und Lehre seinem Wesen nach eingepflanzt ist. Man kennt den Übergang aus dieser Welt der Forschung und Lehre in die Praxis des Berufes und das eigentümliche Umlernen, das dann einsetzen muß. Man pflegt die Welt der Universität deswegen als lebensfern anzuklagen und sinnt über Besserung nach. Indessen glaube ich nicht, daß dieses Abseits der akademischen Welt etwas ist, was wir durch Reformen, durch Änderung im institutionellen Zuschnitt des Ganzen und durch Öffnung für das sogenannte reale Leben verändern können und verändern sollen.

Wir haben es hier mit einem viel tieferliegenden Problem zu tun, das nicht auf Lehren und Lernen, auf Wissen und Können im Hochschulbereich beschränkt ist. Ich nähere mich hier einer Sache, die ich ein wenig als die meine ansehen darf. Das soll nicht heißen, daß ich nun ein gelehrtes philosophisches Kolleg halten will. Ich will auch durchaus nicht aus dem Auge verlieren, daß wir es mit dem besonderen Falle des Lernens und Lehrens zu tun haben, wenn wir über die Besonderheit nachdenken, die menschliches Zusammenleben auszeichnet. Da handelt es sich nun nicht mehr um die deutsche Bildungssituation und die Idee der deutschen Universität allein, sondern um ein anthropologisches Grundproblem, das wohl in allen Kulturen, in allen Schul- und Erziehungsinstitutionen auftritt. Es handelt sich um die Stellung des Menschen in der Natur. Es geht darum, daß der Mensch auf eigentümliche Weise – anders als Tiere es sind – ein gesellschaftliches Wesen ist, aus den Triebordnungen, den Instinktordnungen, den Rangordnungen herausgedreht, in denen sich das Leben der Natur sonst vollzieht und in das auch wir Menschen im ganzen des Lebensaustausches auf unleugbare Weise eingebettet sind.

Aristoteles hat in seiner Politik versucht, die Konstanten unserer menschlichen Natur aufzuzeigen, die der politischen Aufgabe menschlicher Lebensordnung und Lebensführung zugrundeliegen. Er hat es einen entscheidenden Schritt der Natur genannt, als sie dem Menschen über die Kommunikationssysteme hinaus, mit denen sich die Tiere so vieler Tierarten verständigen, die Sprache verliehen hat und mit der Sprache Abstand, und damit Schein, Lüge, Selbstbetrug, kurz alle die großen Zweideutigkeiten unseres Menschseins. Offenkundig gehen sie mit der Auszeichnung des Menschen zusammen, zu fernen Zielen Mittel und Wege zu finden, für ferne Ziele Opfer zu bringen und überhaupt das triebhaft

Drängende, Angst oder Begier, hinten ansetzen zu können. Mit unseren Begriffen gesagt: die ganze Askese auf sich zu nehmen, die mit Arbeit verbunden ist. Wir dürfen wirklich Arbeit als etwas spezifisch Menschliches ansehen, weil es ständiger Triebverzicht ist, dem sie abgerungen wird. All das hängt, wie mir scheint, an der Auszeichnung des Menschen, Sprache zu haben. Diese gefährliche Distanz zu uns selbst zu leben, die etwa im Phänomen des Selbstmordes eine unheimliche Gegenwart in den Seelenanwandlungen des Menschen besitzt, oder im Krieg gegen Artgenossen eine furchtbare Mitgift ist, wie sie die Natur sonst nicht kennt. Wenn man sich das klar macht, versteht man, daß die eigentümlich gefährliche Auszeichnung des Menschen, Distanz und Überbrückung der Distanz zu leisten, zum naturhaft-triebhaften und instinkthaften Drängen quer zu stehen kommt und dennoch von uns die Möglichkeit des Zusammenlebens und eine Ordnung des Zusammenlebens aufzubauen verlangt, All das ist von uns verlangt. Die Griechen hatten hierfür ein Wort, das auch Aristoteles in solchem Zusammenhang gebraucht, „Syntheke", das gemeinsame Niederlegen von gemeinsam Geltendem. Das ganze Rechtssystem mit all seinen Begrenzungen, das Ganze unserer Institutionen und Sitten, das Ganze, was man in der modernen Psychologie „Sozialisation" nennt, all das erwächst aus der schwierigen Auszeichnung des Menschen. Ein nie aufhörender Prozeß des Lernens, an dessen Ende kein Wissen steht. Es ist das Schicksal unseres Lernenwollens und Wissenwollens, unvollendet zu sein. Die Religionen haben ihre gemütsmächtige Antwort zu suchen und zu finden gewußt, und in der Geschichte des Abendlandes ist das Denken groß geworden, das als die griechische Antwort immer wieder neu von uns belebt wird. Es ist die Antwort, die mit dem Begriff der „Theoria", des theoretischen Wissens verknüpft ist.

Dies Ideal der Theoria erschein den Griechen an dem Vorbild des Göttlichen, eines sich selbst und alles einenden, anschauenden Geistes. Aber die Griechen haben niemals vergessen, daß dieses Ideal der Theorie, des Lebens in der reinen Betrachtung, das Denken, das die Dinge, wie sie sind, sieht, keine schlichte menschliche Mitgift ist, sondern im besten Falle ein möglicher Erwerb, der immer bedingter und begrenzter bleibt. Ihnen brauchte man nicht in der ganzen Beengung des praktisch-politischen Lebens, das die Griechen miteinander führten, zu sagen, was für ein sparsamer Freiraum der Freiraum der Theorie in ihrem Dasein war. So ist es auch für uns. Es ist ein Angebot der Gesellschaft, das uns einen Freiraum begrenzter Art gewährt, den Freiraum der Theorie nicht als ein Privileg eines bestimmten Standes, sondern als eine Möglichkeit des Menschen, die in keinem Menschen ganz unverwirklicht ist und die höher zu entwickeln, für alle höher zu entwickeln, uns aufgegeben ist.

Daß für den aus der theoretischen Schulung Kommenden der Sturz in die Praxis oft enttäuschend und immer wie ein neues Lernen ist und sehr oft ein Abschwören der abstrakten, lebensfernen unpragmatischen Weisheiten ist, die man in sich aufgenommen hat, das ist kein so neues Problem. Es scheint mir mit dem Urproblem des Wissenwollens und des Wissenmüssens, das im Grunde in der menschlichen Natur liegt, in diesem Herausgedrehtsein aus den Bahnungen des Naturlebens, unausweichlich mitgegeben. Plato hat in einem berühmten Gleichnis das Ganze in unvergeßlicher Weise uns vor Augen gestellt. Es ist die Geschichte von der Höhle, in der die Menschen angekettet sind. Sie blicken immer nur auf eine Wand, auf der sich Schatten abzeichnen. Sie lernen in langsamem Beobachten die sich wiederholende Reihe der Gestalten, die sich da abzeichnen, und Erfahrung heißt für sie, daß man anfängt, sich auszukennen und vorauszusagen, was folgt – bis einer die so Angeketteten freimacht, herumdreht und aus der Höhle herausführt – zur Sonne und dem hellen Tage der wahren Welt. Aber wenn einer dann schließlich genötigt wird, wieder aus dem hellen Tage in die Höhle zurückzukehren, dann wird er von den Gefesseltgebliebenen wegen der Blendung und Blindheit verlacht, mit der er sich in dem plötzlichen Dunkel nicht mehr zurechtfindet. – Die Geschichte, die ich erzähle, hat in unserem Zusammenhang auch ihre Pointe. Sie schildert die unaufhebbare Spannung zwischen dem wahren Wissen, das ein Wissen im hellen Lichte des Allgemeinen und Gültigen ist, und der pragmatischen Richtigkeit, Geschicklichkeit und Klugheit, die wir im einzelnen üben. Auf beiden Seiten drohen unaufhebbare Vorurteile. Von Seiten derer, die immer nur der pragmatischen Geschicklichkeit gefolgt sind, daß sie die neuen Kömmlinge von draußen als ganz Blinde ansehen. Die anderen, die glauben mögen, sie hätten die Wahrheit erkannt, sind versucht, das undankbare Geschäft zu verachten, das in diesem Dunkel des Höhlendaseins Ordnung zu erkennen bemüht ist. In dieser Geschichte ist bereits mit vollkommener Klarheit gesehen: ein freies Denken, das an keine Bedingtheiten, politische, ökonomische, psychologische, emotionale gebunden ist, gibt es überhaupt nicht. Leben wird immer in neue Bedingtheiten eintreten müssen. In den Bedingtheiten unseres gesellschaftlichen Lebens, in dem schicksalhaft gewordenen Rahmen, in den ein jeder durch Geburt und Erfahrung hineingestellt ist, gilt es den Freiraum, der einem zugewiesen bleibt, zu bewahren. Ich meine, wir können aus dieser Geschichte Folgerungen für unser eigenes Nachdenken ziehen und vielleicht auch eine Antwort auf die unsere Jugend bedrängenden Fragen finden, wie sich der freie Raum finden läßt, in dem sie ihre eigene Möglichkeiten verwirklichen kann.

Es waren drei Entfremdungen, die die moderne Massenuniversität uns allen, Lehrenden und Lernenden, auferlegt. Ich möchte die positiven Möglichkeiten aufsuchen, die uns eingeräumt bleiben. Das erste, was wir lernen müssen, ist, daß die Freiheit, in der wir dem theoretischen Leben zugekehrt sind, von uns allen als eine Aufgabe gesehen werden muß und nicht nur als ein vorgefundenes Geschenk. Diese Aufgabe ist von enormer Schwierigkeit. Denn wir leben ja selbst in der Gesellschaft, die um ihres eigenen Ordnungbestandes willen die Eingewöhnung und Einpassung an die gesamte Daseinsapparatur lehrt und prämiert. Sie übt all das ein, was, im Bilde gesprochen, wie Schattengestalten an der Höhlenwand vorbeigeht und bei dem sich zurechtzufinden die pragmatische Weisheit aller ist. Was kann die Universität in dieser Lage sein? Ich überschätze nicht, wie weit Teilnahme an der Forschung bei der großen Zahl heutiger Studenten eine echte Möglichkeit ist. Aber auch nur ein dunkles Empfinden, daß hier Leute sind, die aus Teilnahme an der Forschung zu ihnen sprechen und zu Fragen Stellung nehmen, die alle beschäftigen, ist schon etwas. Die Entfremdung zwischen Lehrenden und Lernenden wird vielleicht um ein kleines geringer, wenn man sich klar macht, was das heißt, gegenüber der Formung des gesellschaftlichen Bewußtseins durch die Kräfte der Gegenwart, die durch den Kampf der Ideologien und Interessen, den Kampf des Wettbewerbslebens einer modernen Gesellschaft, erfüllt sind, dennoch eine Art „universitas scholarum" bestehen zu sehen, im Abseits noch frei, aus theoretischem Interesse, ohne die Frage „cui bono" (wem gefällt das?), frei von Zensur und Maßregelung, sei es durch eine Regierung, welche das Wahre schon weiß, sei es durch ein Wirtschaftssystem, um dessen Gedeihen und Funktionieren sonst alles geht, d. h. Teilnahme an Forschung erfahren. Das bedeutet nicht so sehr, wie der Laie vielleicht denken mag, daß man wirklich eigene Forschungsbeiträge zu leisten vermag. Die vornehmste Vermittlung zwischen uns wenigen Lehrern und der großen Masse von Studierenden besteht in all denen, die immerhin den Versuch einer echten eigenen Forschungsleistung unternehmen. Das Gelingen ist vielleicht nicht allen beschieden, aber ein Professor ohne die Studenten, die in die Wissenschaft hineinzukommen versuchen, würde seiner besten Dolmetscher, besten Vermittler beraubt sein.

Was ich damit meine, ist vor allem, daß die Wissenschaft schlechte Fernsehkunden und Zeitungsleser produziert. Wir fragen immer, was steht dahinter, welche Interessen drücken sich aus, warum wird uns etwas mitgeteilt, damit wir in die Grundlinien der Ordnungsgesellschaft eingeführt bleiben? Das leistet die Begegnung mit Forschung auch noch in den bescheidenen Formen, die heute für jeden möglich sind, eigenes Urteil wieder zu wagen und nicht einfach Meinungen zu teilen. Darin sehe ich die vornehmste Aufgabe, die sich dem Studenten von heute stellt. Genau das, was man an uns und an ihm kritisiert, nämlich daß wir keine ideologische Ausrichtung geben, ja nicht einmal Anweisung geben, wie man sich in den konkreten Situationen des künftigen Berufslebens zu verhalten hat. Wir wissen es voraus und stehen dazu, daß der ausgebildete Student einem neuen Schock ausgesetzt wird, wenn er nach dem Studium die Einführung in das Berufsleben und das Aushalten des damit verbundenen Anpassungsdrucks leisten muß. Liebe, Kommilitonen, daran sollte wohl jeder Student, der sein Studium ernstgenommen hat, merken, daß er etwas mitbekommen hat: eigenes Urteil zu wagen und sich nicht einfach manipulieren zu lassen.

Die zweite Entfremdung, die ich schilderte, betraf die Spezialisierung der Wissenschaften und die Trennung des ganzen Bereichs von Wissen und Können selbst im Bereiche der „Litterae“. Die heutige Universität zerfällt in lauter Spezialitäten. Auch da habe ich keinerlei Illusionen; der Forscher selber steht unter dem Druck des Spezialisierungswissens. Er ist damit in die Grenzen seines Könnens eingeschlossen, und wieviel mehr wirkt sich das auf die Lehre aus. Man erfährt es im besonderen, wenn man älter wird und neue Forschungstendenzen im eigenen Fach hochkommen sieht, denen man vielleicht noch mit der Liberalität echter Forschergesinnung zuschauen kann, aber doch von ihnen ausgeschlossen ist. Schon für den Forscher und dem im Wissenschaftsleben Stehenden ist es nicht leicht, in seinem eigenen Fache schrittzuhalten, und doch ist es auch hier so, die Urteilsfähigkeit und den Mut zum eigenen Denken im Studenten zu entwickeln – dazu können Lehrer nur helfen, wenn sie ihren eigenen Vorurteilen mit Freiheit gegenüber stehen, die entsprechende Phantasie für das Mögliche in sich aufrechterhalten. Die Kritik, die wir uns selbst sind, und die Kritik, die uns alle anderen sind, ist für jeden echten Gelehrten und Forscher seine eigentliche Lebensluft. Das ist nicht immer angenehm. Ich behaupte das gar nicht, daß es angenehm ist, kritisiert zu werden. Jeder ist dann ein bißchen bedrückt und zweifelt noch mehr an sich selbst als er sonst es im allgemeinen tut. Das gilt für die Lehrenden wie für die Lernenden – und das gewählt zu haben ist unser Teil.

Nun die dritte Frage, das, was ich als das Schlimmste in unserer Situation ansehe, daß es so unglaublich schwierig geworden ist, überhaupt noch echte Solidarität in Geltung zu finden. Ich glaube, hier gilt es auch die Augen offen zu halten, um zu sehen, wo es das gibt. In Grenzen für eine zeitlang in der Familie; niemand, den eine Familie noch lange umgeben hat, sollte das gering achten, daß er das einmal gekannt hat. Auch die Emanzipation aus der Familie bedeutet ja meistens, wenn nicht immer, eine neue Solidarität eingehen, Freunde gewinnen, Berufsethos kennenlernen und was alles es ist. Kurzum, die freie Gemeinschaft derer, die sich in Solidarität zusammenfinden, hat nicht aufgehört, uns aufzunehmen, auch wenn wir in einer demokratisch gesehen sehr schlecht qualifizierten, wenig geschätzten Gesamthaltung des Abseits Staatsbürger in unserem Staatswesen sind.

Ich komme zum Schluß. Machen wir uns keine Illusion. Bürokratisierte Lehr- und Lernsysteme beherrschen die Szene, und dennoch ist es jedermanns eigene Aufgabe, seine Freiräume zu finden. Das ist die Aufgabe unseres menschlichen Lebens überhaupt, Freiräume zu finden und sich in Freiräumen bewegen zu lernen. In der Forschung heißt das: die Frage finden, die echte Frage. Sie wissen alle, als Anfänger fängt man an, alles fraglich zu finden, denn das ist das Vorrecht der Jugend, daß sie überall Neues und neue Möglichkeiten sucht. Man lernt dann langsam, wie Vieles ausgeschlossen ist, um schließlich so weit zu kommen, daß man die wirklich offenen Fragen und damit die Möglichkeiten, die es gibt, findet. Das ist vielleicht die vornehmste Seite an der nicht umzubringenden Abseitsstellung der Universität im politisch-gesellschaftlichen Leben, daß wie mit der Jugend und die Jugend mit uns Möglichkeiten und damit Gestaltungsmöglichkeiten unseres eigenen Lebens zu finden verstehen. Da ist diese Kette der Generationen, die durch eine Einrichtung, wie die Universität sie ist, hindurchgeht, in der sich Lehrer und Schüler treffen und verlieren. Aus Schülern werden Lehrer und aus der Wirkung der Lehrer wird neue Lehre, ein geschehendes Universum, das gewiß mehr ist als ein gewußtes, mehr ist als ein erlernbares, aber etwas, in dem etwas mit uns geschieht. Ich meine, dieses kleine akademische Universum bleibt immer noch einer der wenigen Vorblicke auf das große Universum der Menschheit, die lernen muß, miteinander neue Solidaritäten aufzubauen.

Die Idee der Universität im öffentlichen Interesse

Klaus Michael Meyer-Abich

In der Geschichte der Wissenschaften gibt es ein Datum, das für die weitere Entwicklung als Anfang einer neuen Zeitrechnung genommen zu werden verdient. Ich meine den 6. August 1945, den Tag des Abwurfs der ersten Atombombe, den Tag der Zerstörung von Hiroshima. Mit diesem Datum hat nämlich die Wissenschaft die Unschuld verloren, sagen zu können: Wir Wissenschaftler suchen immer nur die reine Wahrheit; ob unsere Erkenntnisse dann aber zum Nutzen oder zum Schaden der Menschheit, im öffentlichen Interesse oder diesem Interesse zuwider *angewandt* werden – dies liegt nicht in unserer Verantwortung, sondern in der Verantwortung von Politik und Wirtschaft.

Wer heute wissenschaftlich tätig ist muß wissen: Es gab die Wissenschaft vor 1945, und es gibt die Wissenschaft nach 1945. Unsere heutige Wissenschaft steht in der Zeit *nach* dem ersten Einsatz einer Atombombe. Dies hat Konsequenzen für die Bewertung der Wissenschaft unter Gesichtspunkten des öffentlichen Interesses. Es hat dementsprechend auch Konsequenzen für die gesellschaftliche Einrichtung, in der die Wissenschaft am umfassendsten gepflegt und tradiert wird, für die Universität.

Der Abwurf der Atombomben auf Hiroshima und Nagasaki war der größte Schrecken, den je ein Wissen über die Menschheit gebracht hat. Entscheidend für die Bewertung des vorausgegangenen wissenschaftlichen Prozesses und der künftigen Entwicklung der Wissenschaft ist eine politisch-wissenschaftsphilosophische Erfahrung, die sich damit verbindet: Die Atombombe war die erste Anwendung eines wissenschaftlichen Wissens, in der zwischen der sogenannten Grundlagenforschung und der technischen Entwicklung kein Schritt mehr lag, der es rechtfertigen könnte, die erste dieser beiden Phasen von der Verantwortung für die nach der zweiten Phase eintretenden Folgen zu entlasten. Die Tragweite der wissenschaftlich-technischen Entwicklung für die menschlichen Lebensbedingungen war zwar seit den Anfängen der Industrialisierung bekannt, aber bisher hatte man gemeint, jenseits der Grundlagenforschung über die Anwendung noch frei entscheiden zu können.

Demgegenüber war die Entwicklung der Bombe bereits so gut wie unausweichlich, als Otto Hahn und Fritz Straßmann zu Weihnachten 1938 entdeckt hatten, daß Uran 235-Kerne spaltbar sind. Denn jeder Kundige, das waren damals allerdings nicht viele, wußte sofort, daß dabei ungeheure Energiemengen frei werden, viel mehr als bei den chemischen Prozessen, so daß die Kernspaltung auch den Bau von Vernichtungswaffen einer noch nie gekannten Größenordnung erlauben würde. Die Entdeckung dieser Möglichkeit aber erfolgte in Deutschland, und Deutschland war damals das „Dritte Reich“ kurz vor der Auslösung des II. Weltkriegs. Also mußte der Präsident der USA, als die emigrierten Physiker Leo Szilard und Albert Einstein ihm von der in Deutschland gemachten Entdeckung berichteten, befürchten, daß die Deutschen die Bombe entwickeln würden. Also mußten die Amerikaner versuchen, den Deutschen zuvorzukommen, was ihnen dann auch gelungen ist. Und als die Bombe schließlich im Sommer 1945 einsatzbereit war, gab es da nicht unter der grausamen Rationalität der Kriegführung wiederum gute Gründe, das Sterben von weiteren Tausenden amerikanischer Soldaten dadurch zu verhüten, daß die Bombe gegen Japan eingesetzt und der Krieg beendet wurde?

Nachdem die Uranspaltung entdeckt war, gab es keine einzige politische Entscheidungssituation, in der die Entwicklung und der Einsatz der Atombombe nicht die in der gegebenen Situation politisch richtige Lösung gewesen wäre. Die Entdeckung der Uranspaltung aber war Grundlagenforschung in dem Sinn, in dem die meisten Wissenschaftler und auch viele Politiker bis heute gern versichern, die Möglichkeit oder erweiterte Möglichkeit der Grundlagenforschung müsse den Wissenschaftlern als ein Freiraum vor aller Berücksichtigung von industriegesellschaftlichen Interessen und Nützlichkeitserwägungen zugestanden werden.

Eine einfache Definition lautet: Grundlagenforschung ist das, was ich tue, wenn ich nicht weiß, was ich tue. Wir sind im Leben normalerweise darauf eingestellt, daß wir zwar nicht genug übersehen, was wir tun, daß wir uns aber doch darum zu bemühen haben. Es war eine herrliche Zeit, die Kindheit der Wissenschaft, in der ein Forscher sich von der Verantwortung für die gesellschaftliche Tragweite seines Erkenntnishandelns so entbunden fühlen konnte, daß es in einem einzigen Lebensbereich, dem der Forschung, sogar gut war, etwas zu tun, ohne wissen zu wollen, was man anrichtet. Aber darf man etwa auch heute noch, Jahrzehnte nach der Zerstörung von Hiroshima und Nagasaki, so forschen, als beginne die Verantwortung für die politische und gesellschaftliche Tragweite der Wissenschaft erst jenseits eines prinzipiell unschuldigen Bereichs der Grundlagenforschung? Nein, damit ist es vorbei. Die Kindheit ist verloren, nun muß auch die Wissenschaft erwachsen werden.

Die Einsicht ist unausweichlich: Die Atombombe war ein direktes Resultat der Grundlagenforschung. Also *gibt es keine Grundlagenforschung* im Sinn eines verantwortungsfreien Raums, sondern wer zur Entdeckung der Kernspaltung beigetragen hat, ist mitverantwortlich für die Toten von Hiroshima und Nagasaki. Otto Hahn und die anderen Beteiligten haben das gewußt und haben unter der Last dieser Verantwortung gelitten. Bis heute aber gibt es Wissenschaftler und Politiker, welche die Grundlagenforschung als einen verantwortungsfreien Raum verteidigen. Ich kann dies nur so bewerten, daß der Begriff der Grundlagenforschung eine ideologische Abschirmung derer ist, die sich über die politisch-gesellschaftliche Tragweite ihrer wissenschaftlichen Arbeit auch nach dem Außbruch einer neuen wissenschaftsgeschichtlichen Zeitrechnung noch keine Gedanken machen wollen.

Daß es gerade die Physik war, in der die neuzeitliche Wissenschaft ihre Unschuld verloren hat, mag dazu beigetragen haben, daß Physiker sich der politisch-gesellschaftlichen Tragweite der Wissenschaft oft stärker bewußt sind als ihre Kollegen in anderen Fächern. Als z. B. ich in den 50er Jahren Physik studierte, war mir jederzeit klar, daß ich eine Wissenschaft studierte, welche kurz zuvor die Atombombe über die Menschheit gebracht hatte. Es traf sich so, daß man aus dem großen Hörsaal im alten Physikalischen Staatsinstitut in Hamburg, wo ich lange studiert habe, in den Hof des danebenliegenden Untersuchungsgefängnisses hinabsehen konnte. Die Gefängnisinsassen durften dort regelmäßig einen zu sich wiederholenden Umläufen ritualisierten Spaziergang absolvieren. Ich habe mich aus meiner Hörsaalperspektive manchmal gefragt, wie lange die Menschheit sich die Ergebnisse der Wissenschaft, die ich gerade studierte, wohl noch gefallen lassen und wann man uns Physiker unsere Kreise dort unten im Hof ziehen lassen würde.

Die Erfahrung der Physiker hat mittlerweile längst auch andere Fächer erfaßt, besonders durch die neuere Rüstungspolitik und die Umweltprobleme. Entdeckt die Wissenchaft mit der Rüstungstechnik die Möglichkeit neuer Vernichtungswaffen in der internationalen Auseinandersetzung, so ist es bei der Umweltzerstörung die industriewirtschaftliche Auseinandersetzung des Menschen mit der natürlichen Mitwelt, deren Austrag durch wissenschaftliche Entdeckungen geprägt und verändert wird. Beide Male handelt es sich darum, daß während des Austrags der Konflikte durch wissenschaftliche Entdeckungen neue Möglichkeiten des Konfliktaustrags in die Welt gesetzt werden. Dadurch aber greift die Wissenschaft in einer Weise in die Politik ein, wie es im modernen Rechtsstaat keineswegs vorgesehen ist.

Der Effekt ist so ähnlich, wie wenn während eines Spiels auf einmal neue Züge erlaubt werden, die es zuvor nicht gegeben hat. Nachdem bereits ein bestimmter Stand des Spiels erreicht ist, werden beide Seiten von den neuen Handlungsspielräumen in der Regel nicht gleichermaßen profitieren, so daß die Gewinnchancen verändert werden. Bei der Wissenschaft wird der Fall dadurch komplizierter, daß die bestehenden Ordnungen nicht einfach durch neue Handlungsmöglichkeiten ergänzt werden können, sondern daß dazu außerdem neue Regeln des rechten Umgangs mit den neuen Möglichkeiten erdacht und politisch zur Geltung gebracht werden müssen. Weil bereits durch die sogenannte Grundlagenforschung Handlungsmöglichkeiten in die Welt gesetzt werden, welche die jeweiligen Chancen des Konfliktaustrags verändern, gibt es keinen verantwortungsfreien Raum im wissenschaftlichen Erkenntnishandeln.

Alles, was unsern Geist befreit, ohne uns die Herrschaft über uns selbst zu geben, ist verderblich, sagte Goethe (HA VIII.293). Zum Beispiel ist die Handlungsmöglichkeit, Atomwaffen einsetzen zu können, nicht mit der internationalen Ordnung, daß es lauter souveräne Staaten gibt, vereinbar, sondern hierzu bedarf es einer neuen Ordnung. Vieles spricht dafür, daß nur ein Weltstaat, der also ein zentrales Gewaltmonopol hätte, diejenige politische Organisationsform wäre, in der die Menschheit mit den durch die Wissenschaft in die Welt gesetzten Atomwaffen sicher leben könnte. Was aber ist davon zu halten, daß wir durch ein Ergebnis der wissenschaftlichen Grundlagenforschung politisch unversehens in die Situation gebracht werden, daß der III. Weltkrieg ein Atomkrieg sein würde, und dieser Gefahr wiederum allenfalls dadurch entgehen könnten, daß eine politisch so unwahrscheinliche Leistung wie der Weltstaat zustande gebracht würde?

Nicht wesentlich anders steht es mit der Umweltpolitik. Der Mensch kann nur um den Preis anderen Lebens leben; dem entgeht nicht einmal der Vegetarier, denn auch Pflanzen sind Lebewesen, und es gilt sogar für den, der sich nur von den Früchten der Pflanzen ernähren wollte, denn aus ihnen könnten Lebewesen werden. Wir kommen also nicht ohne Gewalt durchs Leben. Umso mehr aber kommt es dann darauf an, wie wir mit der Gewalt durchs Leben kommen. Werden hier durch die wissenschaftliche Erkenntnis Möglichkeiten in die Welt gesetzt, den Grundkonflikt mit der natürlichen Mitwelt unter Einsatz

- von Bioziden,
- von das Klima und damit die gesamten Lebensbedingungen verändernden Energieumwandlungsprozessen und
- von Prozessen zu führen, deren Abfälle die Lebewelt belasten,

so wird von diesen Möglichkeiten insoweit Gebrauch gemacht, wie dies nicht verboten ist und Menschen entdecken, daß sie dabei wirtschaftlich ihren Vorteil finden können. Aufgabe der Umweltpolitik ist es dann, dafür zu sorgen, daß möglichst niemand mehr auf Kosten der Lebensbedingungen seinen Vorteil finden kann, aber hier muß bereits das öffentliche Interesse gegen Einzelinteressen durchgesetzt werden.

Das politische und staatswissenschaftliche Problem ist generell, daß Wissenschaft und Technik neue Handlungsspielräume eröffnen, indem sie die gesellschaftliche Wirklichkeit der Natur verändern. Jede einmal gefundene Balance zwischen dem, was wir können, und dem, was wir dürfen, wird dadurch immer wieder neu außer Kraft gesetzt, so daß die Politiker, wie Walter Scheel als Bundespräsident feststellte, unablässig hinter der Wissenschaft und der Technik herlaufen und versuchen, ihre Folgen aufzufangen.

Insbesondere hat

- der Kernchemiker Otto Hahn die internationale Politik der letzten Jahrzehnte nachhaltiger geprägt als jeder Außenminister irgendeines Landes;
- die Mikroelektronik die Beschäftigungssituation in den Industriegesellschaften stärker geprägt als jede Arbeitsmarkt- und Wirtschaftspolitik;
- die Erfindung des Fernsehens, wiederum ein niemals vorab auf seine gesellschaftliche Tragweite bewerteter Akt der technischen Erfindungskunst, die heutige Jugend vermutlich stärker geprägt als alle bildungspolitischen Großtaten und Experimente der Nachkriegszeit.

Von der Idee des modernen Rechtsstaats her ist dies ein Unding, denn es darf doch wohl nicht angehen, daß hier eine Art Vierte Gewalt, die im Grundgesetz gar nicht vorgesehen ist, zunehmend die prägende Kraft des industriegesellschaftlichen Prozesses wird, so daß die drei legalen Gewalten auf diese illegale im wesentlichen nur noch reagieren können.

In früheren Zeiten war das Wissen nicht öffentlich, sondern wurde z. B. einer Priesterkaste anvertraut, in deren Verantwortung es lag, mit dem Wissen so umzugehen, wie es im Interesse der Allgemeinheit lag. Dies kann für uns wohl keine Lösung mehr sein. Umso mehr aber stellt sich die Frage, wie die Industriegesellschaft öffentlich mit dem Wissen so umgehen will, daß es dem öffentlichen Interesse entspricht.

Die *Universität,* so meine ich, hätte in unserer Gesellschaft künftig der Ort zu sein, an dem es zur Integration der Wissenschaft in die Demokratie und damit zur Versöhnung der Erkenntnisinteressen mit dem öffentlichen Interesse kommt. Demokratie und Wissenschaft passen nur soweit zusammmen, wie Wissenschaft und Technik auch in die politische Verantwortung eingebunden sind. Sie sind es bisher nicht hinreichend, und es ist eine politische Aufgabe, daran etwas zu ändern.

Hier etwas ändern zu können, ist allerdings eine sehr optimistische Perspektive, denn man könnte ja auch meinen, das Problem sei unlösbar und die Integration grundsätzlich unmöglich.

Zum Beispiel heißt es immer wieder, man könne die politisch-gesellschaftliche Tragweite wissenschaftlicher Ergebnisse nicht bereits während der sogenannten Grundlagenforschung abschätzen. Soweit dies zutrifft, wäre die Frage, wie lange wir noch in einer Tätigkeit, der wissenschaftlichen, fortfahren wollen, welche unsere politische Ordnung immer wieder in einer ganz unvorhersehbaren Weise durcheinanderbringt. Eine naheliegende Konsequenz wäre es dann, entweder auf die Wissenschaft oder – zumindest partiell – auf den modernen Rechtsstaat bzw. die Demokratie zu verzichten. Soweit möchte ich noch lange nicht gehen. Um die Konsequenz aber, daß, wenn wir uns die Demokratie zutrauen, auch die Wissenschaft viel mehr als bisher in den demokratischen Prozeß integriert werden müßte, kommen wir meines Erachtens nicht herum. Ich sehe dafür zwei mögliche Ansätze und drittens ihre Verbindung in einem öffentlichen Diskurs.

Ein Ansatzpunkt ist, daß Forschung überwiegend durch öffentliche Mittel finanziert wird, so daß von Fall zu Fall Entscheidungen stattfinden, wieweit die betreffenden Ausgaben unter Gesichtspunkten des öffentlichen Interesses gerechtfertigt sind. An den Universitäten gilt dies für mehr als 90% der sogenannten Drittmittel, von denen die Forschung und somit die Wissenschaft im wesentlichen lebt. Dabei tun sich die forschungsfördernden Institutionen mit dem Kriterium des öffentlichen Interesses allerdings etwas schwer. Zwar wird niemand rundherum bestreiten, daß der Einsatz öffentlicher Mittel immer nur insoweit gerechtfertigt sei, wie dies auch im öffentlichen Interesse zu sein verspricht. Es heißt dann aber oft, dies Interesse sei schwer zu bestimmen, und im Zweifelsfall sei „wissenschaftliche Qualität" immer noch am ehesten im öffentlichen Interesse.

Dagegen ist insoweit nichts zu sagen, als Antragsteller den Stand des Wissens berücksichtigen und mit einer insoweit begrenzten Fragestellung arbeiten sollten, daß in absehbarer Zeit auch Ergebnisse absehbar sind. Was darüber hinaus als Kriterium wissenschaftlicher Qualität geltend gemacht wird, ist jedoch in der Regel noch erheblich unklarer als das des öffentlichen Interesses. Denn hier weiß man wenigstens, daß darunter einerseits alle in der Rechtsordnung – vom Grundgesetz bis hin zu einzelnen Gesetzen – festgelegten Ziele, andererseits die unter den jeweiligen Verhältnissen geltenden politischen Ziele zu verstehen sind, so daß das öffentliche Interesse jedenfalls ziemlich detailliert näher bestimmt werden kann. Was aber unter wissenschaftlicher Qualität jenseits relativ trivialer Ausschlußkriterien verstanden wird, ist in der Regel nur das, was bestimmte Fachvertreter für wissenswert halten.

Dabei ist es durchaus in Ordnung, daß in der Wissenschaft nicht jederzeit alles gleichermaßen für wissenswert gilt. Aufmerksamkeit ist eine knappe Ressource und man kann immer nur eines zur Zeit tun. In diesem Sinn geht jeder wissenschaftlichen Arbeit eine Vorentscheidung darüber voraus, was und was nicht man wissen möchte. Max Weber hat diese, aller Wissenschaft immer schon vorausliegende Wertentscheidung so charakterisiert, daß Wissenschaft im Gefolge verschiedener Götter stattfinden kann. Welchem Gott man folgen soll, ist nicht wissenschaftlich entscheidbar – insofern ist die Wissenschaft wertfrei. Eine solche Entscheidung liegt aber jederzeit in ihrem Rücken – insofern ist sie wertblind. Diese Blindheit ist besonders manifest, wenn Forschungsanträge beurteilt werden.

Wenn aber für ein Forschungsvorhaben letztlich nur deshalb keine Mittel bewilligt werden, weil der Antragsteller Forschungsziele hat, die der Gutachter nicht wissenswert findet, weil er z. B. nicht den herrschenden Naturbegriff hat oder weil sein Weltbild nicht anthropozentrisch ist, so ließen sich diese Argumente ja wiederum in einem geeigneten Diskurs transparent machen. Die Begutachtung von Forschungsvorhaben im Hinblick auf die Finanzierung durch öffentliche Mittel sollte also selbst zur Rechenschaft gezogen werden können, inwieweit das nach Meinung der Gutachter Wissenswerte auch dem im öffentlichen Interesse Wissenswerten entspricht. Tatsächlich sind in der Wissenschaft viele Themen zu unrecht vernachlässigt worden. Diese Dimensionen werden heute vor allem als Alternativen zum herrschenden Wissenschaftsbetrieb angesehen. Beide aber sind gleichermaßen wertgebunden, und die Alternativen sollten sich nicht aus der Wissenschaft herausdrängen lassen.

Auf einen öffentlichen Diskurs läuft auch der zweite Ansatzpunkt zur Einbettung des wissenschaftlichen Prozesses in die demokratische Politik hinaus, den ich sehe. Ich meine das Grundrecht der Forschungsfreiheit im Artikel 5, Absatz 3 des Grundgesetzes: Kunst und Wissenschaft, Forschung und Lehre sind frei. Dieses Grundrecht wird von Wissenschaftlern gern dahingehend für ihre Interessen in Anspruch genommen, daß sie in der Forschung tun könnten, was ihnen gerade so paßt, und dafür auch noch einen Anspruch auf öffentliche Mittel hätten. Wer so denkt, unterliegt allerdings einem Mißverständnis, denn es gibt keine Freiheit ohne Verantwortung. Das Privileg der Forschungsfreiheit bedeutet lediglich, daß der Staat einem Wissenschaftler nicht vorschreiben darf, was er forschen soll, aber es entlastet ihn nicht von der Verantwortung für sein Erkenntnishandeln. Im Gegenteil: diese Verantwortung wird ihm gerade selber auferlegt – würde der Staat die Themen vorschreiben, läge sie ja beim Staat. Freiheit also bedeutet auch hier, wie überall sonst, Selbstverantwortung für das, wozu man frei ist, in diesem Fall die Verantwortung für die Wissenschaft vor der Öffentlichkeit.

Nun kann ein Wissenschaftler mit seiner Selbstverantwortung vor sich selbst und vor der Öffentlichkeit ziemlich allein sein. Zugleich kann er wissen, daß Wissenschaft ein gesellschaftlicher Akt und die besondere gesellschaftliche Verfassung eines Wissens ist. Sein Fragen steht also in einer Tradition, hat Vorläufer und steht auf eine unbestimmte Weise immer schon in einem Bezug auf die Situation der Zeit. Soweit dies zutrifft, können dieser Bezug und die geschichtliche Situation dann aber auch zum Gegenstand einer

Diskussion gemacht werden. So verweisen beiderlei Ansatzpunkte zur Verbindung von Wissenschaft und modernem Rechtsstaat auf öffentliche Argumentationsprozesse.

Der Einwand liegt nahe, die Öffentlichkeit verstehe viel zu wenig von Wissenschaft, als daß in ihr mehr als gespiegelt werden könne, was bereits der Gegenstand der wissenschaftlichen Auseinandersetzung war. Dieses Argument hat weniger Gehalt, als man zunächst meinen könnte. Jedes Forschungsprojekt nämlich muß auch antizipieren, welche Ergebnisse dabei herauskommen könnten, denn nur von den Ergebnissen her hat es Interesse. Sowie man sich Ergebnisse vorstellen kann, läßt sich aber auch erörtern, wie wissenswert sie wären. Um ein Beispiel zu nennen: Wenn durch ein Forschungsvorhaben die Möglichkeit der Früherkennung von Mongolismus bereits bei Föten in die Welt gesetzt werden könnte, so ist es keine medizinische Frage, ob Eltern nicht *wissen,* sondern wissen *können* wollen, ob ein Kind mongoloid wird. Sowie sie es wissen können, liegt es zwar immer noch bei ihnen, auf die betreffende Feststellung zu verzichten, aber vielleicht wäre es ihnen lieber, gar nicht erst vor die Wahl gestellt zu werden, derartiges wissen zu können.

Trotzdem ist es richtig, daß die Öffentlichkeit, in der Forschungsziele auf ihr Erkenntnisinteresse hin transparant gemacht werden können, näher bestimmt werden muß. Ich meine, daß hier in Zukunft eine der großen Aufgaben der Universitäten liegen sollte. Dieser Vorschlag liegt in der Konsequenz der vorausgegangenen Entwicklung. Die *universitas* ist an den Hochschulen in der Regel längst in eine bloße *pluralitas,* eine Vielfalt einzelner Fächer zerfallen, die unter sich weniger zusammenhängen als mit der jeweiligen gesellschaftlichen Wirklichkeit oder den Berufsfeldern, auf die sie bezogen sind. Dies wird dort besonders sichtbar, wo neue gemeinsame Gebäude den Anspruch auch des inneren Zusammenhalts erneuern. Tatsächlich haben die Hochschulen ihre eigentliche Einheit heute finalisiert in der Industriegesellschaft selbst. Es ist die Einheit der Stadt, des Lebenszusammenhangs, in den die Hochschule eingebettet ist, die den vielen Fächern heute ihre Zusammengehörigkeit gibt. Einige Hochschulen haben diese Entwicklung erkannt, öffnen sich dementsprechend auch in ihrem Selbstverständnis für die Bedürfnisse der Industriegesellschaft und finden hier eine neue Identität. Andere hängen noch der universitas anderer Zeiten nach und finden sich dementsprechend in einer Krise.

Würden die Universitäten der gesellschaftlichen Selbstverständigung darüber Raum geben, wie es mit Wissenschaft und Technik nach der Entwicklung der Atombombe und angesichts vieler anderer Probleme weitergehen soll, so würden sie zu Brennpunkten der heute so notwendigen Reflexion, wie wir mit Wissenschaft und Technik Probleme lösen können, die es ohne sie gar nicht gäbe. Eben dies ist ja die paradoxe Aufgabe, vor der wir stehen: ohne Wissenschaft und Technik sind die Probleme der wissenschaftlich-technischen Welt nicht zu lösen, soweit es Lösungen gibt. Damit Lösungen gefunden werden, darf aber auch nicht alles so weitergehen wie bisher.

Wer sich vergegenwärtigt, wie kraftlos viele Hochschulen heute sind und welche kleinkarierte Selbstbezogenheit sich hier unter der Überlast der vielen Studenten, aber auch durch innere Strukturprobleme vielfach entwickelt hat, kann meinen Vorschlag zunächst nur ziemlich unrealistisch finden. Tatsächlich liegt den Universitäten heute in der Regel nichts ferner, als über den eigenen Nahbereich hinaus auf die gesellschaftliche Situation zu blicken. Trotzdem kommt es für die Einbettung der Wissenschaft in den politischen

Prozeß, wenn wir uns denn die Demokratie zutrauen wollen, entscheidend darauf an, daß die Universitäten dem öffentlichen Diskurs über die Zukunft der Industriegesellschaft Raum geben. Sie haben an dieser Gesellschaft durch ihre Ausbildungsleistung, durch eine nach Gruppenparitäten organisierte Selbstverwaltung und durch einzelne Dienstleistungen in der Forschung allein noch nicht hinreichend teil. Die Wissenschaft muß sich vielmehr in ihrem Herzen, in der Forschung, der Frage öffnen, was dazu gehört, mit Wissenschaft und Technik all die Probleme lösen zu wollen, die wir ohne sie nicht hätten, und diese Öffnung braucht die Form einer gleichermaßen offenen, wahrheitsorientierten Auseinandersetzung, wie sie an den Universitäten möglich sein muß.

Die Geistes- und Sozialwissenschaften (von den Kleinen Fächern bis zu den Rechts- und Wirtschaftswissenschaften) haben dabei eine große öffentliche Aufgabe. Die geistige und gesellschaftliche Entwicklung ist in der modernen Welt hinter der naturwissenschaftlich-technologischen zurückgeblieben. Es gibt zur Frage, wie wir in Zukunft leben möchten, einen Nachholbedarf an politischer Diskussion. Die Geistes- und Sozialwissenschaften können den von ihnen zu erwartenden Beitrag jedoch nur dann leisten, wenn die gesellschaftliche Wirklichkkeit der Natur für sie zu einem zentralen Thema wird. Dadurch, daß sie die Natur in der Vergangenheit den Natur- und Ingenieurwissenschaften überlassen haben, sind sie sogar mitverantwortlich für die Probleme der Industriegesellschaft geworden.

Nach der Idee der Universität im öffentlichen Interesse ist das Ziel der Forschung das für Staat und Wirtschaft zur Erneuerung der Industriegesellschaft erforderliche Wissen. Dies gilt auch für die sogenannte Grundlagenforschung. Um dieses Wissen zu gewinnen, bedarf es allerdings neuer, interdisziplinärer Kristallisationskerne, denn die Wissenschaften sind heute in der Regel nicht so eingeteilt wie die Probleme, die im öffentlichen Interesse bearbeitet werden sollten. So kam es ja auch zur Sezession der Geistes- und Sozialwissenschaften. Insoweit die Orientierung am öffentlichen Interesse gelingt, dürfen für die Wissenschaft meines Erachtens sogar zunehmende Anteile an den öffentlichen Ausgaben beansprucht werden – auch wenn sonst die Zeit vorbei ist, in der die Verteilungskonflikte durch Wachstum gelöst worden sind.

Dem öffentlichen Interesse dienen soll auch die Ausbildungsleistung der Hochschulen. Ziel der Bildungspolitik ist also nicht nur Bildung für alle, sondern auch eine Bildung, die allen zugutekommt, d. h. es gibt eine Sozialpflichtigkeit der Bildung. Studiengänge sind dementsprechend an den Bedürfnissen der Industriegesellschaft zu orientieren. Zu diesen Bedürfnissen gehört als fachbezogene Allgemeinbildung ein erweitertes Bildungsumfeld für alle Berufe, dieses Umfeld aber darf nicht den Zusammenhang mit den eigentlichen Berufsfeldern verlieren. Soweit Hochschulabsolventen für die Berufsfelder ausgebildet sind, dürfen sie auch erwarten, daß entsprechend viele Arbeitsplätze zur Verfügung stehen.

Die Idee der Universität im öffentlichen Interesse läuft der Humboldtschen nicht entgegen. Das Studium einer Wissenschaft vollendet sich auch heute erst in der Einheit von Forschung und Lehre. Zuvor ist beim heutigen Stand des Wissens jedoch ein erheblich umfassenderes Grundwissen zu erwerben als zu Humboldts Zeit. Die Universitäten müssen den Studenten Gelegenheit geben, dieses Grundwissen in didaktisch sinnvoller Form (hoch)schulmäßig zu erwerben und dürfen sie nicht mit Prätentionen des forschenden Lernens überfordern, solange die dafür erforderlichen

Grundlagen fehlen. Die Hoch-Schule, die der Einheit von Forschung und Lehre vorausgehen muß, kann und soll bereits berufsqualifizierende Kenntnisse vermitteln.

Eine große Aufgabe der Universitäten in der Industriegesellschaft liegt darin, der Einheit von Lehre und Forschung in Zukunft auch in der Weiterbildung Raum zu geben. Dabei würden nicht nur die Berufstätigen lernen, was unter den neueren Fortschritten der Wissenschaft wissenswert sein könnte, sondern auch die Professoren, was zu wissen für die Praxis interessant wäre. Die Weiterbildung an der Hochschule diente der Weiterbildung der Hochschule selbst. Ich halte die Weiterbildung Berufstätiger in Zukunft neben der Lehre und der Forschung bisheriger Art für eine dritte große Aufgabe der Universitäten, denn auch ein noch so langes Studium an einer Hochschule kann heute keinen Abschluß auf Lebenszeit mehr ergeben. 12, 14 oder mehr Semester sind zwar, auf die Lebenszeit gerechnet, keine zu lange Ausbildung für die Berufsfelder der Industriegesellschaft. Sie sind es aber meines Erachtens, wenn sie in einem Stück und vor aller Berufserfahrung absolviert werden.

Die Universitäten sind durch die großen Studentenzahlen derzeit bis an die Grenze ihrer Leistungsfähigkeit und zum Teil bereits darüber hinaus belastet. In der Vergangenheit sind enorme Anstrengungen unternommen worden, damit sie für immer mehr Studenten offen gehalten werden konnten und unter der Überlast nicht zusammenbrachen. Die Studienbedingungen sind trotzdem persönlich bereits weitgehend unzumutbar und politisch auch als Ausnahmezustand schwerlich zu verantworten. Wie die Hochschulen unter sich verschlechternden Arbeitsbedingungen wachsende Aufgaben bewältigen, verdient größte Anerkennung von seiten des Staats und der Öffentlichkeit. Teilweise sind jedoch auch Verfestigungen in der Altersstruktur, in bürokratischen Prozessen, in der Gremienarbeit etc. entstanden, die sich zu Müdigkeit und Verdrossenheit verstärken.

Als soziale Gebilde sind die Hochschulen überdies für die Studenten in keiner guten Verfassung. Anonymität, Massenbetrieb und ein durchaus unterschiedliches Engagement der Lehrenden ergeben eine Situation, in der vielen Studenten weniger Gelegenheit zur Identifikation geboten wird, als sie es erwarten und verdienen. Die Idee der Universität im öffentlichen Interesse kann dazu beitragen, daß die Hochschulen sich auch als soziale Gebilde im gesellschaftlichen Zusammenhang erneuern. Ob diese Erneuerung gelingt, ist eine Lebensfrage für die Industriegesellschaft.

Vor zwanzig Jahren wurde durch die Entdeckung des drohenden Lehrermangels eine beispiellose Erweiterung des deutschen Bildungssystems ausgelöst. Georg Pichts Buch: Die deutsche Bildungskatastrophe, gab weit über die Lehrerbildung hinaus den Anstoß dazu, daß der Zugang zu den Hochschulen so weit geöffnet wurde, wie es den Bedürfnissen einer modernen und demokratischen Industriegesellschaft entspricht. Die damaligen Ziele sind inzwischen zum großen Teil erreicht. Diesen Fortschritt gilt es zu bewahren. Daneben muß nun aber auch anderen Bedürfnissen Raum gegeben werden, die sich durch die Weiterentwicklung unserer Industriegesellschaft ergeben haben. Es geht sowohl um die qualitative Sicherung des Erreichten als auch darum, daß an die Wissenschaft selbst für die Zukunft der Industriegesellschaft andere Erwartungen gerichtet werden als in der Vergangenheit. Es geht um die Idee der Universität im öffentlichen Interesse, nach dem Anbruch einer neuen wissenschaftsgeschichtlichen Zeitrechnung.

Die Idee der deutschen Universität – ein Blick von außen

Wolf Lepenies

Man kann behaupten, „daß auf dem Gebiet der höheren Studien die deutschen Einrichtungen im Ganzen denen aller übrigen Länder überlegen sind, ja daß von Mängeln abgesehen, wie sie jeder menschlichen Veranstaltung anhaften, die deutschen Universitäten so organisiert sind, wie aus Einem Gusse nur tiefe gesetzgeberische Weisheit sie hätte schaffen können". [1]) Mit diesen stolzen Worten empfing am 15. Oktober 1869 der Physiologe, Sekretär der Preußischen Akademie der Wissenschaften und Rektor der Berliner Universität, Emil Du Bois-Reymond, seine Studenten zu Beginn des Wintersemesters. Über hundert Jahre ist diese Rede alt – und darf doch mehr als nur unser antiquarisches Interesse beanspruchen. Ein nationales Pathos, das heute abschrekkend wirkt, durchzieht die Ansprache dieses deutschen Rektors – und spiegelt doch nur einen europäischen, ja internationalen Konsens über die Spitzenposition des deutschen Bildungswesens, und insbesondere der deutschen Universität, im vorigen Jahrhundert wider.

Zunächst einmal spreche ich von der *deutschen* Universität: ich skizziere im Rückgriff auf die Rektoratsrede Du Bois-Reymonds und Jaspers' Programmschrift von 1946 einige ihrer Strukturmerkmale und Basisorientierungen. Nicht nur bei Jaspers verbirgt sich hinter der Idee *der* Universität weitgehend die Idee der *deutschen* Universität – doch bleibt diese Idee von Veränderungen der deutschen Gesellschaft, bleibt selbst von der Erfahrung des Nationalsozialismus eigentümlich unberührt.

Die ernstzunehmende Krise der Universität setzt erst nach dem Zweiten Weltkrieg ein: sie ist im wesentlichen eine Krise des herkömmlichen Wissenschaftsverständnisses und erfordert Einsicht in die Notwendigkeit einer Selbstkontrolle, ja vielleicht sogar Selbstbeschränkung der Wissenschaft. Daher muß im Rahmen unseres Themas nicht nur von der Universität, sondern auch von der neuzeitlichen Wissenschaft die Rede sein, und auf sie werfe ich einen Blick von außen: aus der Sicht derjenigen Disziplinen, die – wie etwa die Wissenschaftssoziologie und die Wissenschaftsgeschichte – Wissenschaft und Universität selbst zu ihrem Thema machen.

Während für die neuzeitliche Wissenschaft eine Einstellung typisch war, die ich mit dem Stichwort „Orientierungsverzicht“ kennzeichne, sehen wir uns heute einer verstärkten Forderung nach der Produktion von „Orientierungswissen“ gegenüber – ein Schlagwort, das gerade im Bundesforschungsbericht eine herausragende Rolle spielt. Im dritten und abschließenden Teil meines Vortrags versuche ich zu zeigen, daß Erwartungen dieser Art auf eine veränderte Wissenschaftsmentalität abzielen – nicht mehr auf die Identifikation des Wissenschaftlers mit seinem Tun, sondern auf die Fähigkeit, dieses Tun zu verfremden und zu ihm auf Distanz zu gehen. Ich diskutiere dabei an einem konkreten, meinem eigenen Fach entnommenen Beispiel die Frage, inwiefern die Universität zu einer Sozialisationsagentur werden kann, die sich die Einübung einer derartigen Mentalität zur Aufgabe macht.

Ich kehre zur Rektoratsrede Emil Du Bois-Reymonds zurück.

I

Du Bois-Reymond stellte seiner Rede das Zitat eines Franzosen, Charles de Villers, voran, der schon im Jahre 1808 die Weltgeltung der deutschen Universitäten gerühmt hatte. Was man seit dieser Zeit die „deutsche Krise des französischen Denkens“ [2]) nennt, ist im wesentlichen der Neid unserer Nachbarn auf die deutsche Universität, ein Neid, der die Politik der Franzosen nach außen wie nach innen beeinflußt. Für deutsche Gelehrsamkeit, Musik, Kunst und Philosophie schwärmt man zunächst; doch nach dem verlorenen Krieg von 1870/71 wird die Imitation des deutschen Bildungssystems zu einer vorrangigen nationalen Aufgabe, welche die erträumte militärische Revanche auf kulturellem Gebiet vorbereiten und fördern soll. Der glühende Wunsch, Elsaß-Lothringen zurückzuerobern und Frankreich seine alte Stärke wiederzugeben, ließ sich am ehesten dadurch erfüllen, daß man vom Gegner lernte. Der preußische Schulmeister hatte bei Sedan gesiegt, und Frankreich hatte den Krieg nicht zuletzt deshalb verloren, weil in seinen höheren Bildungsanstalten der deutsche Einfluß nicht stark genug gewesen war. So hörten die Franzosen nicht auf, ihre Nachbarn jenseits des Rheins nachzuahmen: hatte nicht einst deren Antwort auf die Niederlage bei Jena in der Gründung der Berliner Universität bestanden?

Um die Jahrhundertwende fragte der junge Paul Valéry nach den Gründen des politischen, des ökonomischen und des wissenschaftlichen Aufschwungs Deutschlands, den seine Landsleute mit einer Mischung aus Bewunderung und Argwohn verfolgten. Verantwortlich dafür war in erster Linie das Methodenbewußtsein, das die Deutschen entwikkelt hatten. Bei ihnen war die Undiszipliniertheit, dieses Laster der Intelligenz, verschwunden. In Moltke verkörperte sich das neue Ideal des vollkommen durchdisziplinierten Menschen, der in Kaserne wie Universität gleichermaßen heimisch war. Auch einem Flaubert imponierten die preußischen Offiziere, die promoviert hatten und Sanskrit beherrschten. Zwar konnten Engländer und Franzosen sich ebenfalls disziplinieren, wenn es not tat, aber für sie lag immer ein Opfer darin, während in Deutschland die Disziplin das Leben selbst war. Die Sehnsucht nach Organisation und Arbeitsteilung gehörte zum deutschen Nationalcharakter. Verglichen mit den Deutschen erschienen die Franzosen wie eine Horde Wilder, die gegen eine durchorganisierte Armee anrennen. So wurden die deutschen Universitäten Wallfahrtsorte, zu denen die europäischen und amerikanischen Studenten in Scharen pilgerten. Das Selbstbewußtsein, später die Selbstüberschätzung des deutschen Lehrkörpers waren nicht zuletzt eine Folge der Außenwirkung, welche die deutsche Universität im 19. Jahrhundert entfaltete.

Als ob er die Reichsgründung vorausahnte, enthält Du Bois-Reymonds Rektoratsrede das widerwillige Eingeständnis, daß die Weltgeltung der deutschen Universität ein Kompensationsphänomen ist; die verspätete Nation hat auf geistig-kulturellem Feld Angelsachsen wie Franzosen eingeholt und übertroffen, sie hat die politischen Nachteile der Kleinstaaterei in kulturelle Vorteile umgemünzt, sie hat sich im Geistigen ertrotzt, was ihr militärisch versagt blieb.

Im Innern beruht das glänzende Funktionieren der Universität auf zwei Prinzipien, die sich mit den Schlagworten „Sozialdarwinismus“, und „Marktwirtschaft“ umschreiben lassen. Am Institut des Privatdozenten, das geradezu als Kernstück der deutschen Universitätsverfassung erscheint, wird die Bedeutung dieser Prinzipien sichtbar. Zunächst einmal geht es um die Rekrutierung des akademischen

Nachwuchses: anders als in Frankreich ist dafür kein zentraler Wettbewerb, kein *concours* entscheidend, „nicht das dem gallo-römischen Wesen so zusagende öffentliche Turnier der Bewerber, wo leicht der blendendste Redner siegt“, sondern – immer noch in den Worten des Berliner Rektors – „der jahrelang in der Stille vor der unbestechlichen Jury honorarzahlender deutscher Studenten bestandene Kampf um das akademische Dasein, in welchem nach unverbrüchlichem Naturgesetze nur der innerlich wahrhaft Bevorzugte das Feld behauptet.“ 3) Entscheidendes Selektionsmedium dabei ist das Hörergeld; es sichert das Überleben der befähigten Lehrer und steigert zugleich die Motivationskraft der Lernenden.

Mit der Einführung allgemeiner Inskriptionsgebühren nach französischem Vorbild dagegen und dem Verzicht auf das nach dem Gesetz von Angebot und Nachfrage gezahlte individuelle Hörergeld droht nicht nur der Niedergang der deutschen Universität, sondern auch die Dekadenz der Wissenschaften. Deren Fortschritt wird auch durch die Privatdozenten institutionell abgesichert. Das Fachgebiet nämlich, welches der jeweilige Ordinarius für sich beansprucht, bleibt dem Privatdozenten in seiner Lehre verschlossen – eine kognitive Konkurrenz wird schon deshalb verhindert, weil sie zum ruinösen Wettbewerb um die Hörergelder führen würde. So werden – weil sie untereinander konkurrieren *müssen,* mit den Ordinarien aber nicht konkurrieren *dürfen* – die Privatdozenten gezwungen, neue Fragestellungen, neue Spezialgebiete, ja sogar neue Disziplinen zu entwickeln, und der ökonomische Überlebenszwang, der auf ihnen lastet, wird zum Garanten wissenschaftlicher Innovation.

Gewiß wäre es reizvoll, Argumentationsbündel dieser Art in der Geschichte der deutschen Universität und ihrer Reformen von Humboldt bis Helmut Schelsky zu verfolgen.

Dies ist nicht meine Absicht. Stattdessen möchte ich auf ein bestimmtes Wissenschaftsverständnis zu sprechen kommen, welches der Idee der deutschen Universität zugrundeliegt. Dieses Wissenschaftsverständnis findet sich in der Rektoratsrede du Bois-Reymonds ebenso wie in der Schrift von Karl Jaspers, die dieser Vortragsreihe Anregung und Namen gab.

*

Unmittelbar nach dem Zusammenbruch des Deutschen Reiches unter nationalsozialistischer Herrschaft geschrieben, ist Jaspers' Buch „Die Idee der Universität" in mehrfacher Hinsicht das Dokument eines verzweifelten Bemühens um geistige Kontinuität. Publikationsgeschichtlich knüpft Jaspers an seine 1923 erschienene, gleichnamige Schrift an; als Leitmaxime wird von ihm die Treue zur Humboldtzeit beschworen, die radikale Neuschöpfungen im Bildungssektor verbietet; es geht auch nicht um Überlegungen, inwieweit die politische Erfahrung des Nationalsozialismus eine Korrektur herkömmlicher Wissenschaftsauffassungen und ein verändertes Selbstverständnis der Universität geradezu erzwingt, sondern es geht um die Erinnerung an die Gewißheit und Allgemeingültigkeit wissenschaftlicher Einsichten, die den politisch-militärischen Zusammenbruch überdauert haben.

Der Wissensgewinnung wie der Wissensvermittlung verpflichtet, ist die Universität für Jaspers ein Ort bedingungsloser Wahrheitsforschung; sie kennt kein Tabu. Wissenschaftsgeschichte ist Fortschrittsgeschichte, doch ist dieser Fortschritt eigentümlich sinn- und richtungslos. Denn die wissenschaftliche Sacherkenntnis ist keine Seinserkenntnis; die Wissenschaft selbst gibt keine Antwort auf die Frage nach ihrem eigenen Sinn. „Wissenschaft bedarf der Führung“[4]) stellt der Philosoph Jaspers fest und erklärt zugleich, wer diese Führungsrolle zu übernehmen imstande ist – die Philosophie; und wo dieser Führungsanspruch organisatorisch verankert werden muß – in der Philosophischen Fakultät. Es kommt stets auf den philosophischen Impuls an, von dem die Forschung ausgeht und darauf, daß die Philosophie die gesamte Universität durchdringt; „Sauerteig der Wissenschaften“ ist sie, und Jaspers zitiert Kant mit den Worten, „daß die Würde, das ist der absolute Wert der Philosophie, allen anderen Erkenntnissen erst einen Wert gebe.“[5]) Hieraus resultiert die einzigartige Stellung der Philosophischen Fakultät: gerade weil sie im Grunde genommen „für sich schon die gesamte Universität“[6]) umfaßt, Vorschule und Leitinstanz aller anderen Fakultäten ist, begründet sie die Notwendigkeit einer alle Wissenschaften leitenden Orientierungsdisziplin – eben der Philosophie.

Mehr auf die Fakultät als auf das Fach bezogen, finden sich in der Rektoratsrede Du Bois-Reymonds die gleichen Aussagen. Nur die Philosophische Fakultät verhindert den Zerfall der *Universitas litteraria* in einzelne Fachschulen; sie ist „das Palladium der idealen Bestrebungen, der Cultus der reinen Wissenschaft“[7]), dessen alle Einzeldisziplinen zu ihrer Legitimation dringend bedürfen.

Um die Bedeutung seiner Übereinstimmung mit Jaspers zu würdigen, ist die Erinnerung daran nützlich, daß wir es in Emil Du Bois-Reymond nicht mit einem jener Wissenschaftsskeptiker zu tun haben, die im letzten Drittel des 19. Jahrhunderts verstärkt ihre Stimme erheben. Ganz zu Unrecht nämlich hat man seinen Vortrag über die „Grenzen des Naturerkennens“[8]) als das Dokument einer wissenschaftskritischen Einstellung interpretiert. In Wahrheit ist das berühmte „Ignorabimus“, das zu einem Reizwort des Fin de siècle wurde, Dokument einer außerordentlichen Wissenschaftshybris, der unerschütterlichen Überzeugung, die Grenzen des Wißbaren genau zu kennen und Einschränkungen des Machbaren nicht hinnehmen zu müssen.

Mehr als hundert Jahre liegen die Publikationsdaten der beiden Schriften auseinander; gemeinsam ist ihnen eine eigentümlich ambivalente Einstellung zur Wissenschaft. Das Vertrauen in die Leistungsfähigkeit der einzelnen Disziplinen ist 1946 so ungebrochen wie 1869, und geblieben ist auch das Eingeständnis, daß die Wissenschaften Kenntnisse produzieren, ohne zugleich die Anleitung mitzuliefern, wie diese Kenntnisse vernünftig genutzt werden können. Irritationen folgen daraus nicht. Für den Physiologen bedeutet dieses Defizit eine nicht zu unterschätzende Entlastung des einzelnen Naturwissenschaftlers, der von der Verantwortung für die Folgen seines Tuns befreit wird; für den Philosophen bietet sich die Chance, seinem Fach in der Wissenschaftsgesellschaft die Funktion einer allgemeinen Orientierungsdisziplin zu sichern. Einig sind sich beide darin, daß die Universität derjenige Ort ist, an dem Wissensproduktion und Orientierungsleistung miteinander verknüpft werden müssen, wobei der Philosophie und der Philosophischen Fakultät die Schlüsselrolle zuwächst.

Die Differenz der politischen Motive, die sich hinter einer solchen Einschätzung verbirgt, ist offenkundig: Jaspers wollte nach der politischen und militärischen Niederlage Deutschlands eine Wiederbelebung von Geist und Moral auch dadurch erreichen, daß er den universalen Charakter einer Institution wie der Universität beschwor; Du Bois-Reymond wollte Preußens militärische und politische Expansion flankieren, indem er die Vormachtstellung seiner Wissenschaftsinstitutionen und Bildungseinrichtungen pries. Jaspers möchte 1946 die Idee *der* Universität wiederbeleben; Du Bois-Reymond will 1869 auf den Vorrang der *deutschen* Universitätseinrichtungen aufmerksam machen.

Der Rektor ist dabei realistischer als der Philosoph; Jaspers spricht von *der* Universität, ohne sich beispielsweise Rechenschaft drüber abzulegen, daß weder in der Sorbonne noch in einer der Grandes Ecoles von Paris, weder in einem englischen College noch in einer der Privat- oder Staatsuniversitäten Nordamerikas der Philosophie und der Philosophischen Fakultät eine ähnliche Rolle zukommt wie in der deutschen Universität Humboldtscher Prägung. Nur in der Dritten Französischen Republik ist, wenn auch keineswegs mit dauerhaftem Erfolg, die Soziologie mit einem Orientierungsanspruch aufgetreten, der sich mit dem der Philosophie in Deutschland vergleichen ließe. In der Regel aber werden weder in Frankreich noch in England sozial verbindliche Leitideen durch das Studium einzelner Universitätsfächer entwickelt: sie vermitteln sich vielmehr über bestimmte, fachunabhängige Bildungsideale, die *gentleman, honnête homme* oder *homme de lettres* heißen mögen. Jaspers war sich im klaren darüber, daß gerade das Fehlen eines allgemein akzeptierten Bildungsideals der Philosophie in Deutschland ihre unvergleichliche Bedeutung verlieh. Er hat sich freilich gescheut, daraus Folgerungen zu ziehen, die den universalen Orientierungsanspruch der Philosophie hätten in Frage stellen können. Wie kommt es nun in Deutschland zu diesem Anspruch der Philosophie? Was ist so deutsch an Jaspers' – doch nicht nur an seiner – Idee *der* Universität?

Man muß daran erinnern, daß jenes innere Reich, welches die Philosophie des deutschen Idealismus wie die Literatur der Weimarer Klassik begründen, der politischen Reichsgründung nicht nur um mehr als hundert Jahre vorausgeht – es wird auf lange Zeit von den Deutschen bereitwillig als ein politischer Akt des Politikverzichts und als Legitimation des Rückzugs aus der Gesellschaft in die Lebenswelt der Privatsphäre mißverstanden. Diese deutsche Bewegung des 18. Jahrhunderts war keine ursprünglich wissenschaftliche; Philosophen prägten sie und Dichter, in denen für die Deutschen das Menschliche stets seinen höchsten Ausdruck findet. Dichter wurden zu Kronzeugen einer Weltanschauung, die – Herman Nohls Charakteristik folgend – in der Kunst das Genie der Regel, in der Religion den Propheten dem Dogma, in der Moral den Heros der Konvention und im Rechts- und Staatsleben die Schöpferkraft des Volkes allen Systemen und Theorien vorzog. Prioritäten dieser Art wurden im Geist der Abkapselung und im Bewußtsein deutscher Sonderart gesetzt – ihre übernationale Wirkung entfalteten sie dadurch, daß sie auch außerhalb Deutschlands wirkten und ebensoviel Anlaß zum Neid wie Anregung zum Widerspruch boten. Dichter und Denker prägen die Deutsche Bewegung – ihr anti-wissenschaftlicher Zug ist unübersehbar.

In Deutschland mußte daher die Wissenschaft sich stets am Leben messen lassen, und die breite Strömung der Wissenschaftsfeindlichkeit, die im 19. Jahrhundert ein Land durchzieht, das sich gerade an die Spitze der europäischen Wissenschaftsnationen gesetzt hat, wurde – nicht zuletzt unter dem Einfluß Nietzsches – von dem Verdacht genährt, die Wissenschaft habe sich dem Leben entfremdet und stehe ihm feindlich gegenüber.

Diltheys Jugendimpuls, das Leben aus sich selbst heraus zu verstehen, seine Überzeugung, daß das Denken nicht hinter das Leben zurückgehen könne, wurden – trotz Bergson, der in Frankreich vereinzelt blieb – zu deutschen Maximen, zum tatsächlichen „Protest der Empirie gegen den Empirismus“ [9]). In diesem Klima des Wissenschaftsverdachtes und der Wissenschaftskritik gedeiht die Lebensphilosophie, und nur in Deutschland kann auf breite Zustimmung hoffen, wer betont, daß die Philosophie eigentlich „keine Wissenschaft ist, sondern Leben, und im Grunde Leben gewesen ist, auch da wo sie Wissenschaft sein wollte“ [10]). Die deutsche Universität zeichnet sich nicht zuletzt dadurch aus, daß die Philosophie als Lebensphilosophie unterschiedlichster Varianten in ihr eine zentrale Rolle spielt; sie entlastet die empirischen Einzelwissenschaften vom Zwang zur Sinnproduktion, und selbst dort, wo der Philosophie diese Rolle nicht zugestanden wird oder dort, wo sie diese Rolle nicht mehr erfüllen kann, täuscht die Philosophische Fakultät auf organisatorischer Ebene eine funktionierende Arbeitsteilung von Wissensproduktion und Orientierungsleistung vor, die im kognitiven Bereich schon längst nicht mehr besteht. Das, was in der Geistesgeschichte die „Deutsche Bewegung“ genannt wurde, fand in der Philosophischen Fakultät eine ideale institutionelle Absicherung.

Die Geschichte der deutschen Universität ließe sich auch als die Geschichte des Bedeutungsverlustes der Philosophie und des Funktionsverlustes der Philosophischen Fakultät schreiben. Das Ausmaß der Krise, in der sich die Idee und die Institution der Universität heute befinden, würde damit aber wohl unterschätzt. Auf der anderen Seite wird sie überschätzt, wenn man in ihr – wie ein modischer Irrationalismus es nur zu gerne tut – den Ausdruck einer universalen Vernunftkrise sieht. Mir scheint eine Perspektive mittlerer Reichweite angemessen: die Krise der Universität, die Krise ihres Selbstbildes und ihrer Legitimität, ist die Krise des herkömmlichen Wissenschaftsverständnisses.

*

Die Hemmungen, diesen Tatbestand zur Kenntnis zu nehmen, mehr noch: daraus Konsequenzen zu ziehen, sind groß. Als beispielhaft dafür kann der Wandel der Auffassungen über die Rolle der Wissenschaften im Dritten Reich gelten.

Bis vor wenigen Jahren noch ist die Wissenschaftsgeschichte der nationalsozialistischen Zeit eine Geschichte einzelner Wissenschaftler, aber nicht eine Geschichte einzelner Disziplinen gewesen. Das Vertrauen nämlich in die innere Vernünftigkeit und damit wie selbstverständliche Moralität des rechten wissenschaftlichen Handelns ließ für die Zeit nationalsozialistischer Herrschaft nur Zerrbilder staatlich akzeptierter und geförderter wissenschaftlicher Disziplinen wie eine deutsche Physik, oder Perversionen wie die Rassenlehre zu – von vielen Fächern, etwa der Psychoanalyse, der Psychologie und der Soziologie, wurde behauptet, sie hätten auf Grund ihres kritischen kognitiven Potentials von 1933 bis 1945 noch nicht einmal als Fächer der inneren Emigration existieren können. Wir haben erst durch die Arbeiten jüngerer Wissenschaftshistoriker erfahren, wie illusionär und wunschverhaftet diese Annahmen gewesen sind.

Wissenschaftler paßten sich an oder verstummten, kollaborierten oder emigrierten, ließen sich einspannen oder wurden vertrieben: von einer inneren Widerständigkeit *wissenschaftlicher Disziplinen* aber, die ihre Nutzung durch die Nazis sozusagen a priori verhindert hätte, kann keine Rede sein. Fächer wurden reglementiert, pervertiert und intellektuell geschwächt, aber sie produzierten weiterhin verwertbares Wissen; Psychoanalyse und Soziologie überlebten, wenn auch in Schwundformen; und die Psychologie überlebte nicht nur, sondern erfuhr zur Zeit des Nationalsozialismus einen bis dahin unerhörten Professionalisierungsschub. Mit anderen Worten: es zeigte sich, daß der überlieferte Typus wissenschaftlicher Rationalität keineswegs ein Garant menschlich-politischer Moralität ist. Die Wissenschaftsgeschichte des Dritten Reiches, also im wesentlichen die Universitätsgeschichte zur Zeit des Nationalsozialismus, hat sich zu dieser Erkenntnis erst in jüngster Zeit durchgerungen.

Umso erstaunlicher muß heute auf uns wirken, wie wenig die Erfahrung nationalsozialistischer Gewaltherrschaft Jaspers' *Idee der Universität* beeinflußt hat. Im Grunde genommen zeigt sich dieser Einfluß nur indirekt – in der Trotzreaktion, mit welcher die reinen Ideale der Humboldtschen Universität beschworen werden, die die politische Katastrophe unversehrt überstanden haben. Selbst an den wenigen Stellen, da Jaspers' Schrift zur Universitätskritik wird, ist sie niemals *Wissenschaftskritik*.

Natürlich hat Karl Jaspers auch die Gefahren gesehen, die seinem Universitätsideal drohten. Seine Erinnerung daran, daß alle Korporationen dazu neigen, sich „zu verwandeln in Cliquen monopolistischer Sicherung ihrer Durchschnittlichkeit“ [11]) wirkt vor dem Hintergrund der universitären Stellen- und Rekrutierungspolitik der letzten Jahrzehnte geradezu prophetisch. Doch waren all dies Probleme, die sich aus der Abweichung von einem Ideal ergaben – keine Störungen, in die das universitäre System durch den Wandel der Wissenschaftsauffassung selbst geraten mußte. Ein ungebrochenes Vertrauen in die Kenntnisse und Bildung generierende Kraft der Wissenschaft und Philosophie, das Festhalten an einem geistesaristokratischen Prinzip, das den Zugang der Studierwilligen zur Universität ebenso regelte wie die Rangordnung wissenschaftlicher Fächer untereinander, und der Vorrang, den die Philosophie als allgemeine Orientierungsdisziplin wie die Philosophische Fakultät als deren Organisationskern genossen, bestimmten

Jaspers' Idee der Universität, die in vieler Hinsicht die Idee der *deutschen* Universität war.

Gegenüber Jaspers' Schrift wirken heute – um nur zwei, freilich herausragende, Beispiele zu nennen – Nietzsches und Jacob Burckhardts Äußerungen weit aktueller. Dies gilt etwa für Nietzsches Festellung, der Mensch wünsche „ eine *rasche* Bildung, um schnell ein geldverdienendes Wesen werden zu können und doch eine so gründliche Bildung, um ein *sehr viel* Geld verdienendes Wesen werden zu können“ [12]). Nietzsche und Burckhardt ist gemeinsam, daß sie eine Kritik des Wissenschaftsbetriebs und der Wissenschaft zugleich betreiben; Nietzsche, indem er zu seinem Ausgangspunkt die Festellung macht, daß in der Moderne die Wissenschaft den Trost von Religion, Metaphysik und Kunst beseitigt habe ohne dafür einen anderen Ersatz zu bieten als den Versuch, sich selbst zur Wissenschaftsreligion zu machen; Burckhardt, indem er den selbstverständlichen Fortschritt der Wissenschaften in Zweifel zieht, und Sprünge, Zögerungen und Rückfälle als charakteristisch für die Natur aller geistigen Entwicklungen ansieht. Es ist diese Skepsis, die Nietzsches und Burckhardts als Wissenschaftskritik betriebene Bildungskritik so aktuell macht.

Heute über die Idee der Universität zu sprechen, heißt, über die gewandelte Idee unseres Wissenschaftsverständnisses zu sprechen. Dies ist der Blick von außen, den man auch auf die deutsche Universität werfen muß, will man ihre gegenwärtige Problemlage verstehen. Es ist ein Blick zurück, denn die in den letzten Jahrzehnten neu gewonnenen Erkenntnisse über die Institutionalisierung der modernen Wissenschaft haben unser heutiges Wissenschaftsverständnis entscheidend verändert.

II

Vom gegenwärtig herrschenden Zivilisationspessimismus werden Wissenschaft und Technik am stärksten betroffen. Nur sekundär hat die Legitimationskrise, der die Wissenschaften sich heute gegenübersehen, ihre Ursache darin, daß das Vertrauen in ihr Problemlösungspotential schwindet. Folgenreicher ist der Verdacht, daß Wissenschaft und Technik selbst diejenigen Probleme mitproduziert haben, deren sie nun nicht mehr Herr werden. Die Wissenschaftskritik, ja Wissenschaftsfeindlichkeit, die sich als Konsequenz herausbildet, wird dadurch verschärft, daß trotz Mythenbeschwörung und Vernunftabbau eine Alternative zu wissenschaftlichen Orientierungsleistungen nicht in Sicht ist. In der Gegenwart sind, trotz aller postmodernen Faseleien, keine neuen Deutungssysteme erkennbar, die das überlieferte wissenschaftliche Weltbild ablösen könnten. Die Veränderung dieses Weltbildes dagegen ist in vollem Gange. Sie kann die Universität nicht unberührt lassen.

Es ist begreiflich, daß die Geschichte der Wissenschaften, und insbesondere die Geschichte der naturwissenschaftlichen Disziplinen, lange Zeit als die Geschichte eines kontinuierlichen Wissensfortschritts aufgefaßt worden ist, die – vom Kenntnisstand der Gegenwart ausgehend – alle Irrtümer und Wahrheiten der Vergangenheit klar zu unterscheiden erlaubte. Offenkundig schien, daß im 17. Jahrhundert die Naturwissenschaft Newtonscher Prägung sich durchsetzte, weil damit *die* wahre Naturerkenntnis gewonnen war. Der Irrtum dieser Auffassung liegt in der Annahme, es habe im letzten Drittel des 17. Jahrhunderts bereits eine Möglichkeit gegeben, die damals vorliegenden alternativen Theorieangebote gegeneinander abzuwägen. Wenn wir dies annehmen, projizieren wir, wie so oft, einen gegenwärtigen Erkenntnisstand in die Vergangenheit zurück. Heute wissen wir, daß sich der Newtonianismus nicht nur aus kognitiven, sondern auch aus sozialen Gründen durchsetzte: nicht, weil die Zeitgenossen seine Wahrheit erkannten, sondern weil politische Gründe für seine Institutionalisierung sprachen. Erst heute sind wir dafür sensibilisiert, im Verzicht auf die „Behandlung religiöser und staatlicher Angelegenheiten"[13]), wie spätere Mitglieder der Royal Society es bereits im Jahre 1645 formulierten, die vielleicht wichtigste Voraussetzung für die Etablierung der modernen Naturwissenschaften zu sehen. Gerade weil die neue Wissenschaft nach dem Willen ihrer Verfechter von allem politisch-religiösen Engagement frei bleiben sollte, ließ sie sich für konkrete politisch-ökonomische und auch religiöse Zielsetzungen vereinnahmen. Gerade ihre politische Enthaltsamkeit schuf die Voraussetzung für die politische Verwertung wissenschaftlichen Wissens. Gerade durch ihren selbstauferlegten Orientierungsverzicht hat die moderne Wissenschaft zum Aufschwung einer wissenschaftlich orientierten Politik beigetragen.

Dieser Tatbestand läßt sich als *Entmoralisierung* beschreiben. Darunter verstehe ich die bewußte Ausblendung normativ besetzter Fragestellungen aus den Wissenschaften – ein Vorgang, der die Wissenschaftler lange Zeit nicht beunruhigt, sondern – ganz im Gegenteil – ihnen ein gutes Gewissen verschafft hat. So hält sich, durch spektakuläre Entdeckungen und Erfindungen genährt, der Glaube an die stets segensreichen Wirkungen des Fortschritts von Wissenschaft und Technik durch das 19. bis weit in unser Jahrhundert. Mehr noch: dieser Glaube wird desto stärker, je mehr die Orientierungskraft der alten Glaubensinhalte verblaßt. Warner wie Burckhardt und Nietzsche, die auf die mögliche Dekadenz der Wissenschaften aufmerksam machen, oder Propheten wie Kierkegaard, der davon überzeugt ist, alles

Verderben werde schließlich von den Naturwissenschaften kommen, bleiben Außenseiter. Für einen Du Bois-Reymond ist bereits im 19. Jahrhundert Bacons Prophezeiung „Wissen ist Macht" Wirklichkeit geworden, und neben dem Erwerb von Kenntnissen und Methoden wird mit behaglichem Selbstbewußtsein als Ziel der Naturwissenschaften „die planmäßige Bewältigung und Ausnutzung der Natur durch den Menschen zur Vermehrung seiner Macht, seines Wohlbefindens und seiner Genüsse" [14]) beschrieben.

Die Naturwissenschaften arbeiten auf kein Ziel hin, dessen Legitimität sie begründen müßten – ihre Tätigkeit selbst ist bereits das höchste Ziel, und die Geschichte der Naturwissenschaft ist „die eigentliche Geschichte der Menschheit" [15]). So formuliert wiederum Du Bois-Reymond, bei dem wir in reinster Form jener Mentalität begegnen, von der wir uns heute allmählich zu distanzieren beginnen: der Auffassung, daß man im Umgang mit der Natur alles machen darf, was man nur machen kann. Wenn überhaupt, wird in der Ausbeutung der Natur kein Problem der Wissenschaften, sondern lediglich der ungeheuer expandierenden Industrie gesehen, und so bleibt für das Weltbild nicht nur des Rektors der Berliner Universität ein Wissenschaftsoptimismus prägend, der ungehemmt alle Züge der Hybris annimmt: „Was kann der modernen Cultur etwas anhaben? Wo ist der Blitz, der diesen babylonischen Turm zerschmettert? Man schwindelt bei dem Gedanken, wohin die gegenwärtige Entwicklung in hundert, in tausend, in zehntausend, in hunderttausend und in immer noch mehr Jahren die Menschheit führen werde. Was kann ihr unerreichbar sein?" [16])

Diese Entwicklungsskizze betrifft in erster Linie die Naturwissenschaften; doch bleibt die Geschichte anderer Disziplinen davon nicht unberührt.

Nicht zuletzt auf Grund ihrer behaupteten Leidenschafts- und Interesselosigkeit nämlich werden die Naturwissenschaften zum Vorbild der Wissenschaften vom Menschen und der Gesellschaft, die sich bereits im 18. Jahrhundert formieren. Zunächst übernehmen diese von den Naturwissenschaften die eigentümliche Kombination von Erklärungsanspruch und Orientierungsverzicht. An ihrem Beginn ist auch die Geschichte der sogenannten *Moralwissenschaften* durch eine Entmoralisierung ihrer Gegenstandsbereiche gekennzeichnet. Der Preis, der für die Verwissenschaftlichung bestimmter Probleme gezahlt werden muß, ist dabei hoch. Die Ökonomie beispielsweise kann zur akademischen Disziplin erst werden, als sie nicht länger mehr die guten und schlechten Taten des *oeconomus,* sondern lediglich die für ihn vorteilhaften und unvorteilhaften Handlungen analysiert. Die Völkerkunde muß, um eine respektable Wissenschaft werden zu können, die Vorstellungen vom guten oder bösen Wilden und jede damit verbundene Zivilisationskritik hinter sich lassen, um zur Konstruktion einer Entwicklungsleiter zu kommen, auf der Stämmen, Völkern und Nationen ihr angeblich „objektiver" Rangplatz zugewiesen werden kann.

Problematisch wird diese Nachahmung der Naturwissenschaften, weil sie auf eine Verwissenschaftlichung von Lebensbereichen abzielt, die anderer Art sind als die Gegenstände der Natur. Die Naturwissenschaften hatten mit einer experimentellen Einstellung ihre Erfolge errungen – nur allzuschnell sollte sich zeigen, daß man in der Gesellschaft nicht ohne weiteres Experimente an die Stelle von Erfahrungen setzen konnte. Die Human- und Sozialwissenschaften mußten, um ihren Anspruch auf Wissenschaftlichkeit aufrechterhalten zu können, letztlich Doktrinen entwickeln, die nicht weniger fanatisch vertreten wurden als früher bestimmte Glaubensinhalte. Das gilt bereits für die Philosophie des 18. Jahrhunderts, wie Hippolyte Taine feststellte: „Sie besitzt denselben Glaubensschwung, denselben Hoffnungseifer, denselben Enthusiasmus, denselben propagandistischen Geist, dieselbe Herrschsucht, dieselbe Strenge, dieselbe Intoleranz, denselben Ehrgeiz, den Menschen umzubilden und das ganz menschliche Leben nach vorgefaßten Typen zu regulieren. Die neue Doktrin wird ebenfalls ihre Gelehrten, ihre Dogmen, ihren populären Katechismus, ihre Fanatiker, Inquisitoren und Märtyrer haben. Sie wird sich ebenso laut wie ihre Vorgängerinnen als legitime Souveränin gebärden, der die Diktatur selbstredend gehört, und gegen die jede Auflehnung töricht oder verbrecherisch ist. Sie differiert von ihren Vorgängerinnen nur dadurch, daß sie sich im Namen der *Vernunft* aufdrängt, nicht mehr im Namen *Gottes*." [17])

Damit ist ein weiterer Kostenfaktor der modernen Wissenschaftsenwicklung genannt: die Überschätzung der Vernunftleistungen, deren der Mensch fähig ist, ein Pathos des Wissenwollens wie ein gefühlsarmer Fanatismus des Wissenkönnens, die zum Erbe aber eben auch zur Last der Aufklärung zählen. Nicht zuletzt weil sie akademische Spätlinge sind, lassen sich über lange Zeit die Sozialwissenschaften im Ausmaß und in der Intensität ihres Erkenntnisoptimismus von keiner anderen Disziplin übertreffen. Daß die Natur unseren Hoffnungen keine Grenzen gesetzt hat, und daß die Vernunft des Menschen ihm schließlich den Himmel auf Erden schaffen wird (Condorcet), gehört zu ihren ursprünglichen Glaubensartikeln.

Zusammenfassend läßt sich die von mir skizzierte Kehr- und Kostenseite der modernen Wissenschaftsentwicklung folgendermaßen beschreiben: orientiert am ökonomischen Erfolg der Naturwissenschaften, wird deren politische Vorgeschichte verdrängt, die Erinnerung daran, daß die Institutionalisierung eines bestimmten Wissenstypus in den Akademien und Universitäten des neuzeitlichen Europa mit dem Verzicht auf ein den Prozeß der Wissensproduktion begleitendes, und diesen Prozeß möglicherweise korrigierendes, politisches Räsonnement erkauft wurde. Ein Akt des Orientierungsverzichts, ein a-politischer Offenbarungseid, steht am Beginn der modernen Wissenschaftsentwicklung. Die Entlastung, die der einzelne Wissenschaftler dadurch gewinnt, ist beträchtlich: sie besteht im Dispens, über die Folgen seines Tuns nachdenken zu müssen. Der wissenschaftliche Fortschritt selbst ist das allgemein anerkannte Ziel; wohin er führt, braucht die Sorgen des Wissensproduzenten nicht zu sein. Die Tabulosigkeit der Wissenschaft, von der noch Jaspers unkritisch, ja voller Bewunderung, spricht, ist nur die eine Seite der Medaille; die andere ist eine konstitutive Unfähigkeit der Wissenschaft zur Selbstbeschränkung, ein Selbstbewußtsein, das alles in Frage zu stellen vermag außer dem Wert des eigenen Tuns, ein Vermögen, alles zu verfremden und distanziert zu sehen außer der Wissenschaft selbst.

Auch die Wissenschaften durchlaufen somit jene Stadien des zivilisatorischen Prozesses, die Norbert Elias beschrieben hat – die Mikrostrukturen des zivilisationsgemäßen Verhaltens bilden die Grundmentalität der modernen Wissenschaft. Wenn die „Dämpfung der spontanen Wallungen, Zurückhaltung der Affekte, Weitung des Gedankenraums über den Augenblick hinaus in die vergangenen Ursach-, die zukünftigen Folgeketten“[18]) als Voraussetzung der zivilisatorischen Entwicklung angesehen werden kann, sind damit auch sinnliche und intellektuelle Vorbedingungen der experimentellen Einstellung in der neuzeitlichen Wissenschaft bezeichnet. Als den modernen Universitäten die Aufgabe zugeschrieben wurde, Studenten zu einem akzeptablen Verhalten zu erziehen, so war damit ein zivilisiertes Verhalten gemeint, und der Sieg einer „distanzierten" über eine „enthusiastische" wissenschaftliche Einstellung spiegelte das allgemeine Vordringen einer verinnerlichten Affektkontrolle wider.

Die Wissenschaft wurde nunmehr, wie der Physiker Coulomb es gefordert hatte, langweilig – und wenn Du Bois-Reymond feststellte, die Wissenschaften produzierten „eine enge, trockene und harte, von Musen und Grazien verlassene Sinnesart" [19]), so tat er es ohne großes Bedauern. Diese Mentalität ist eine Folge der Affektmodellierung, die den für die Moderne charakteristischen zivilisatorischen Prozeß kennzeichnet – sie hat bis heute als notwendige Voraussetzung eines erfolgreichen wissenschaftlichen Handelns gegolten.

Bis heute – denn nunmehr wird immer deutlicher sichtbar, daß neben die Disziplinierung der Wissenschaftler auch eine Disziplinierung der Wissenschaft treten muß.

III

Ich kann die seltene Gelegenheit, als Wissenschaftler in einem Theater aufzutreten, nicht vorübergehen lassen, ohne dieses neue Wissenschaftsverständnis aus der Zuschauerperspektive zu erläutern – durch einen Vergleich der Wissenschaft mit dem Theater, den bereits Alfred North Whitehead angeregt und den jüngst der israelische Physiker und Wissenschaftshistoriker Yehuda Elkana in seinem Buch *Anthropologie der Erkenntnis* [20]) systematisch weiterentwickelt hat.

Die moderne Wissenschaft, die mit der Institutionalisierung der Newtonschen Mechanik ihren zunächst europäischen und dann weltumspannenden Siegeszug antritt, ähnelt dem griechischen Drama. So wie das Drama die Geschehnisse auf der Bühne in ihrer vom Menschen unbeeinflußbaren Verkettung zeigt, gilt der Zuwachs des wissenschaftlichen Wissens als unaufhaltsam und vorherbestimmt. Unbeirrbar waltet das Schicksal; Spannung entsteht, weil wir das Unausweichliche vorausahnen. Die Zukunft enthüllt sich auf Grund von Gesetzmäßigkeiten, die wir kennen; sobald ein Ereignis geschehen ist, wissen wir, daß es anders gar nicht hätte ablaufen können. Alternativen sind nicht denkbar. Konsequenz einer solchen Haltung ist eine Kritikfähigkeit und Kritikbereitschaft, die zu Unrecht als universal erscheint, wird doch die Wissenschaft selbst von dieser Kritik ausgenommen.

Was müßte an die Stelle einer solchen Haltung treten? Eine Mentalität, die zur Einsicht in die Kulturbedingtheit wissenschaftlichen Handelns fähig ist, und die sich zum Eingeständnis durchgerungen hat, daß die Wissenschaftsentwicklung nicht nur ein Fortschritt, sondern auch eine Geschichte langlebiger Irrtümer, eine Reihung von Revolten und Revolutionen, und daher auch eine Geschichte des Vergessens und der Unterdrückung ist. Gefragt wären weniger tragisches Selbstbewußtsein und Prinzipienstarre, und mehr Ironie, Selbstkritik und die Fähigkeit, das eigene wissenschaftliche Handeln wie von außen zu sehen – es zu verfremden.

Damit ist das entscheidende Stichwort genannt: so wie die herkömmliche Wissenschaftsauffassung den Prinzipien der aristotelischen Dramatik entspricht, ließe eine alternative Sicht der Wissenschaft sich mit den Grundsätzen einer nicht-aristotelischen Dramatik darstellen, also mit dem epischen Theater Bertolt Brechts vergleichen.

In der kritiklosen Einfühlung oder Identifikation des

Schauspielers wie des Zuschauers sah Brecht das entscheidende Hindernis für die Entwicklung eines Theaters, das sich seiner gesellschaftlichen Verantwortung bewußt geworden war. Kern seiner nicht-aristotelischen Dramatik war demgegenüber der Versuch, die Kritik- und Widerspruchsfähigkeit des Schauspielers wie des Zuschauers zu stärken. Das Theater sollte nicht länger versuchen, die Illusion der Realität zu erzeugen. Vielmehr sollte mit Hilfe der Verfremdungstechnik gerade das Aufzeigen der Illusion zu einem tieferen Verständnis der Realität führen.

Ein solches Theater und die in ihm gespielten Stücke mit der Universität und mit den Wissenschaften zu vergleichen, liegt umso mehr nahe, als das von Brecht propagierte Theater ein „Theater des wissenschaftlichen Zeitalters“ 21) sein wollte, das seine wesentlichen Anregungen einer „Ästhetik der exakten Wissenschaften“ 22) verdankte. Brecht war fasziniert von der Technik des systematisch eingeübten Irritiertseins, welche die Wissenschaften entwickelt hatten, von jener „unendlich nützlichen Haltung“, 23) die in der Verfremdung des Selbstverständlichen und Alltäglichen im Labor bestand.

In seiner Wissenschaftsbegeisterung aber vergaß der Theaterkritiker Brecht, daß die Wissenschaft diese Haltung allen möglichen Objekten gegenüber eingenommen hatte – nur nicht gegenüber sich selbst. Historisierung, Relativierung und Verfremdung gehörten zu den Merkmalen wissenschaftlichen Handelns – nur wurde die Wissenschaft selbst nie zu dessen Objekt.

Es wird höchste Zeit, die „Technik der Verfremdungen des Vertrauten“ 24) auch auf die uns vertraute Wissenschaft anzuwenden. Wo dies geschieht, wird offenkundig, daß Unvermeidlichkeit keineswegs als ein Kennzeichen der westlichen Wissenschaftsentwicklung gelten kann, und daß ein

Vergleich verschiedener Wissenschaftskulturen nicht nur sinnvoll, sondern notwendig ist. Die Wissenschaft selbst darf nicht länger den Eindruck erwecken, als ob sie ein treues Abbild der Realität darstelle. Vielmehr ist sie ein kulturelles System und zeigt uns ein verfremdetes, zeit- und raumspezifisches, von Interessen bestimmtes Bild der Wirklichkeit.

Die Fähigkeit zur Selbstdistanzierung wird auf der Grundlage der überlieferten Wissenschaftsmentalität kaum gewonnen werden können. Die Einübung dieser Fähigkeit aber wird immer dringlicher: es wächst der Druck zur Selbstkontrolle, ja Selbstbeschränkung der Wissenschaft. Ein Blick in den Bundesforschungsbericht zeigt, daß der über Jahrhunderte selbstverständliche, weil selbstauferlegte Orientierungsverzicht der Wissenschaften längst seinen legitimierenden Charakter verloren hat. Im Zeitalter der Atomspaltung und Gen-Technologie ist er zu einer selbstmörderischen Attitüde geworden. Technologiefolgenabschätzung und Technikeinschätzung sind Aufgabenbereiche, in die verstärkt staatliche Gelder fließen: der Erwerb und die Verbreitung von Orientierungswissen genießen höchste Priorität. Dabei zeigt die ausufernde und bisher gänzlich folgenlose Diskussion über eine alternative Forschungsethik, wie schwer es ist, zu neuen Leitsätzen wissenschaftlichen Handelns zu gelangen.

Der Begriff des Orientierungswissens ist mißverständlich, ja gefährlich. Er kann den Eindruck erwecken, als ließen sich zwei Wissensformen sauber voneinander trennen: eine Art Basiswissen, das vor allem die Naturwissenschaften hervorbringen, und ein Wissen über dieses Wissen, eben Orientierungswissen, für dessen Produktion und Vertrieb wohl Sozial- und Geisteswissenschaften zuständig sein sollen. Es gibt heute nicht wenige Vertreter der letztgenannten Fächergruppen, die einer solchen Wissensklassifikation zustimmen, weil sie sich von ihr die Behebung des chronischen Legitimationsdefizits erwarten, unter dem ihre Herkunftsdisziplinen leiden. Diese Hoffnung aber ist illusorisch.

Sie ist illusorisch, weil die Zeit der großen Orientierungsdisziplinen endgültig vorbei ist. Die Philosophie wird diese Funktion nicht wiedergewinnen, und die Soziologie hat sie, von Kurzepisoden der neuzeitlichen Wissenschaftsentwicklung abgesehen, nie eingenommen. Das ehemalige Starnberger „Max-Planck-Institut für die Erforschung der Lebensbedingungen der technisch-wissenschaftlichen Zivilisation" hatte sich diesen ellenlangen Tarnnamen zugelegt, weil der viel zutreffendere Titel „Max-Planck-Institut für Orientierungswissen" als Provokation hätte erscheinen müssen. Die Absicht wurde dennoch durchschaut, und das Scheitern des Instituts demonstriert nicht zuletzt die unvermindert starke Abwehr einer naturwissenschaftlich geprägten scientific community gegen Aufforderungen zur Selbstreflexion und Selbstkontrolle, die „von außen" an sie herangetragen werden. Die Dringlichkeit des Problems zeigt sich an den jüngsten Bemühungen der Max-Planck-Gesellschaft, durch Strukturveränderungen oder Neugründungen von Instituten den Gewinn von Wissen über Wissen, also Orientierungswissen, zu einer Aufgabe der Forschung selbst zu machen.

So unbestritten diese Zielsetzung auch ist, so irrig erscheint mir die Schlußfolgerung, zum Gewinn und zur Verbreitung von Orientierungswissen seien Forschungsinstitute oder Akademien – altehrwürdige oder neu zu gründende – der erste und angemessene Ort. Es geht heute nicht so sehr darum, die in der Forschung bereits Tätigen in Forschungsfolgenabschätzung zu trainieren oder ihnen Nachhilfestunden in Wissenschaftsethik zu geben. Es geht um die Entwicklung einer neuen Wissenschaftsmentalität. Wir stehen vor einem Sozialisationsproblem. Hier kommt – gerade in der Humboldtschen Zielsetzung der Verschränkung von Forschung und Lehre – die Universität wieder ins Spiel: hier sehe ich ihre entscheidende Zukunftschance. Denn eine alternative Sozialisationsagentur, in der sich eine neue Wissenschaftsmentalität erlernen und ausprobieren ließe, gibt es nicht. In Anlehnung an eine programmatische Formulierung aus der Philosophischen Anthropologie wird man sagen können, daß die Mängelinstitution Universität in der Zukunft verstärkt eben diese Mängel, das heißt: die Mängel des herkömmlichen Wissenschaftsverständnisses, wird thematisieren müssen – vielleicht sogar mit der Chance, dadurch wieder eine erhöhte Reputation zu gewinnen.

Ich sehe in der Universität der Zukunft diejenige Institution, in welcher Basis- und Orientierungswissen in größtmöglicher Nähe zueinander und Verschränkung miteinander forschend gewonnen und lehrend vermittelt werden.

Eine besondere Rolle werden dabei die von mir so genannten „sekundären Orientierungsdisziplinen" spielen: Wissenschaftssoziologie, Wissenschaftsgeschichte und Wissenschaftstheorie. Schon heute läßt sich sagen, daß sie das Selbst- und Fremdverständnis der modernen Wissenschaft nicht unberührt gelassen haben. Die Wissenschafts*soziologie* hat die Vorstellung von der reibungslosen Selbststeuerung des Wissenschaftssystems durch den Nachweis seiner externen Steuerbarkeit bis in kognitive Grundannahmen der Wissensproduktion korrigiert; die Wissenschafts*geschichte* hat das Bild einer kontinuierlichen und kumulativen Fortentwicklung der Wissenschaften durch die Abfolge wissenschaftlicher Revolutionen ersetzt; die Wissenschafts*theorie* schließlich hat in ihrer radikalsten Ausprägung die erkenntnisleitende Kraft der „westlichen“ Rationalität relativiert.

Die Vermittlung derartiger Einsichten an jeden Wissenschaftler in einem möglichst frühen Stadium seiner Ausbildung halte ich nicht nur für wünschenswert, sondern für dringend gefordert. Der Verdacht, damit sollten Arbeitsmarkt- und Arbeitsplatzprobleme bestimmter Disziplinen gelöst werden, die seit Jahren, wenn nicht Jahrzehnten am gesellschaftlichen Bedarf vorbei ihre Absolventen ausbilden, läßt sich leicht entkräften. Die von mir vorgeschlagene enge Verknüpfung von Basis- und Orientierungswissen erfordert zwar erhebliche Veränderungen der Studiengänge und eine Neubestimmung der Professionalisierungsperspektiven in einer Fülle von Disziplinen. Dennoch lassen sich diese kostenneutral erreichen. Der Bedeutungszuwachs der von mir so genannten sekundären Orientierungsdisziplinen wird mit einem nicht nur hingenommenen, sondern bewußt geförderten Bedeutungsverlust der klassischen Orientierungsdisziplinen erkauft. Lassen Sie mich ein Beispiel dafür geben, welches mein eigenes Fach, die Soziologie, betrifft.

Ein Sündenfall der Soziologie war die, im übrigen unter den Fachvertretern selbst heftig umstrittene, Einführung eines Diplomstudiengangs. Dieser Studiengang erweckte bei den Studenten die doppelte Illusion, es gebe so etwas wie den Beruf des Soziologen und nach solchen Berufsabsolventen bestehe in der modernen Industriegesellschaft ein ständig wachsender Bedarf. Das ganze Ausmaß dieser Illusion belegen die Arbeitslosenstatistiken. Nur ist der Schluß, den ihre Gegner allzugerne ziehen, falsch, damit werde ein Fach wie die Soziologie überflüssig. Der Erwerb und die Verbreitung soziologischen Wissens sind vielmehr notwendiger denn je – nur ist das Festhalten an der Soziologie als einem universitären Hauptfach genau der falsche Weg, um dieser

Einsicht zu größerer Anerkennung zu verhelfen. Wir brauchen viel weniger Soziologen, die nichts sind als Soziologen, aber wir haben einen Zuwachs soziologischen Wissens in vielen Fächern bitter nötig – von der Jurisprudenz über die Architektur und Stadtplanung bis hin zur Medizin. Die Behauptung ist nicht allzu kühn, in der bis jetzt überaus erfolgreichen Strategie von Juristen und Medizinern, die Rechts- wie die Medizinsoziologie an die Ränder ihrer fachspezifischen Curricula abzudrängen, einen Preis zu sehen, den die Soziologie für die Beibehaltung ihres Hauptfachstatus zahlen mußte.

Stattdessen sehe ich in der Soziologie eine exemplarische Nebenfach- und Servicedisziplin, deren Ziel es ist, zur Selbstreflexion und daher auch zur Selbstkritik einzelner Fachgebiete beizutragen. Damit weite ich meinen Begriff der „sekundären Orientierungsdisziplinen" aus: er umfaßt nunmehr auch solche Spezialgebiete wie – um nur einige Beispiele zu nennen – die Rechts-, die Medizin- und die Wissenschaftssoziologie. Es ist selbstverständlich, daß Soziologen, die mit derartigen Orientierungsansprüchen auftreten, eine entsprechende Doppelqualifikation aufweisen müssen: der Rechtssoziologe muß Soziologe *und Jurist,* der Medizinsoziologe muß Soziologe *und Mediziner* sein; wer über Naturwissenschaften etwas sagen will, muß eine naturwissenschaftliche Ausbildung durchlaufen haben. Daraus folgt, daß die Nebenfach- und Service-Disziplin Soziologie auf der Ausbildungsebene zu einer post-graduate-Disziplin wird: Soziologie darf nur studieren, wer bereits eine andere Fachausbildung abgeschlossen hat. All dies klingt weniger utopisch als es tatsächlich ist: schon heute hat der Arbeitsmarkt den Erwerb solcher Doppelqualifikationen in vielen Fällen längst erzwungen; sie sind zu einem entscheidenden Selektionskriterium bei der Stellenvergabe geworden.

Mir scheint, eine solche Veränderung des professionellen Selbstbildes, die vor allem auf der Zurücknahme universaler Orientierungsansprüche beruht, könnte die Chancen erhöhen, innerhalb der Universität ein soziologisch geprägtes, fachspezifisches Orientierungswissen in die Curricula vieler Disziplinen zu integrieren. Die Soziologen, die allzulange die Hofnarren der akademischen Welt gewesen sind, würden zu Verfremdungstechnikern werden, auf deren Hilfe mehr und mehr Fächer angewiesen sind.

*

Mehr als bisher werden die Universitäten der Zukunft auch Wissenschaftsskepsis und Wissenschaftskritik lehren müssen. Im ersten Band von *Menschliches, Allzumenschliches*[25]) hat Friedrich Nietzsche unter dem Stichwort „Zukunft der Wissenschaft" notiert:

> Deshalb muß eine höhere Kultur dem Menschen ein Doppelgehirn, gleichsam zwei Hirnkammern geben, einmal um Wissenschaft, sodann um Nicht-Wissenschaft zu empfinden: nebeneinander liegend, ohne Verwirrung, trennbar, abschließbar; es ist dies eine Forderung der Gesundheit . . . wird dieser Forderung der höheren Kultur nicht genügt, so ist der weitere Verlauf der menschlichen Entwicklung fast mit Sicherheit vorherzusagen: das Interesse am Wahren hört auf, je weniger es Lust gewährt; die Illusion, der Irrtum, die Phantastik erkämpfen sich Schritt um Schritt, weil sie mit Lust verbunden sind, ihren ehemals behaupteten Boden: der Ruin der Wissenschaften, das Zurücksinken in Barbarei ist die nächste Folge . . .

Nietzsches Prophezeiung scheint bereits Wirklichkeit geworden. Dennoch sollten wir seinem Therapievorschlag nicht folgen. Es geht nicht darum, Wissenschaft und Nicht-Wissenschaft sauber voneinander zu trennen. Es geht darum, die Aufklärung über Wissenschaft zum Bestandteil des Wissenserwerbs selbst zu machen. Hier liegt eine wichtige Zukunftsaufgabe der Universität. Sie wird sie nur erfüllen können, wenn sie es versteht, beides zu vermitteln: die Liebe wie die Distanz zur Wissenschaft.

Anmerkungen

1) Emil Du Bois-Reymond, Über Universitätseinrichtungen. In der Aula der Berliner Universität am 15. October 1869 gehaltene Rectoratsrede, in: Du Bois-Reymond, Reden. Zweite Folge, Leipzig (Veit & Co.) 1887, S. 337.
2) Claude Digeon, La Crise allemande de la pensée française (1870–1914), Paris (Presses Universitaires de France) 1959.
3) Du Bois-Reymond, a.a.O., S. 346.
4) Karl Jaspers, Die Idee der Universität (Reprint der Ausgabe Berlin 1946), Berlin (Springer) 1980, S. 25.
5) ebda., S. 46.
6) ebda., S. 81.
7) Du Bois-Reymond, a.a.O., S. 342.
8) Du Bois-Reymond, Über die Grenzen des Naturerkennens (1872), in: Du Bois-Reymond, Reden. Erste Folge, Leipzig (Veit & Co.) 1886, S. 105–140.
9) Graf Yorck an Dilthey, 23. November 1877, in: Briefwechsel zwischen Dilthey und dem Grafen Paul Yorck v. Wartenburg 1877–1897, Halle (Niemeyer) 1923, S. 2.
10) ebda.
11) Jaspers, a.a.O., S. 117.
12) Friedrich Nietzsche, Über die Zukunft unserer Bildungsanstalten. Vortrag I (1872), in: Nietzsche, Sämtliche Werke, Kritische Studienausgabe, ed. Giorgio Colli u. Mazzino Montinari, Band 1, München (dtv) 1980, S. 668.
13) Vgl. Wolf Lepenies, Wissenschaftskritik und Orientierungskrise, in: H. Lübbe u. a., Der Mensch als Orientierungswaise? Ein interdisziplinärer Erkundungsgang, Freiburg (Alber) 1982, S. 96.

[14]) Du Bois-Reymond, Culturgeschichte und Naturwissenschaft (1877), in: Du Bois-Reymond, Reden, Erste Folge, S. 271.

[15]) ebda.

[16]) ebda., S. 276–277.

[17]) Hippolyte Taine, Die Entstehung des modernen Frankreich, Bd. 1, Meersburg (Hendel) o.J., S. 141.

[18]) Norbert Elias, Über den Prozess der Zivilisation, 2. Band, Bern (Francke), 2. Aufl. 1969, S. 322.

[19]) Du Bois-Reymond, a.a.O., S. 279.

[20]) Frankfurt a. M. (Suhrkamp) 1985. Ich verdanke die folgenden Passagen gänzlich Yehuda Elkana; lediglich seinen Hinweis auf Brecht habe ich erweitert.

[21]) Bertolt Brecht, Kleines Organon für das Theater (1948), in: Brecht, Gesammelte Werke in 20 Bänden, Frankfurt a. M. (Suhrkamp) 1967, Band 16, S. 662.

[22]) Brecht, ebda.

[23]) Brecht, Neue Technik der Schauspielkunst (1935–1941), in: Gesammelte Werke, Band 15, S. 347.

[24]) Brecht, Kleines Organon, a.a.O., S. 682.

[25]) Friedrich Nietzsche, Menschliches, Allzumenschliches I (1878/1886), in: Nietzsche, Sämtliche Werke, a.a.O., Band 2, S. 209.

Die deutsche Universität – Vielfalt der Formen, Einfalt der Reformen

Manfred Eigen

Vorrede

Wenn ich die Initiatoren dieser – unter dem Leitmotiv: „Die Idee der Universität" stehenden – Vortragsreihe recht verstanden habe, so wollten sie mit dem „Versuch einer Standortbestimmung" einen Kontrapunkt setzen, eine Gegenstimme *punctus contra punctum* zur Jubelmelodie der 600-Jahrfeier der ehrwürdigen Ruprecht-Karls Universität. Ich greife die Anregung auf, möchte indes meinen Beitrag ganz im Sinne der Kontrapunktik, nämlich der „Kunst des mehrstimmigen Tonsatzes", verstanden wissen. Auch möchte ich gleich hinzufügen, daß der kritische Unterton meines Titels auf Heidelbergs Alma Mater wohl weniger als auf andere deutsche Universitäten zutrifft. Hat doch gerade diese Universität erst in jüngster Vergangenheit gezeigt, daß sie nicht nur in der Lage ist, ihre Vielfalt zu erhalten, sondern durch die Gründung neuer Institute gezielt Schwerpunkte für eine Forschung und Lehre der Zukunft zu schaffen und damit einer Nivellierung unserer Universitätslandschaft entgegenzuwirken. In meinem Vortrag geht es denn auch gar nicht um Heidelberg im besonderen, sondern vielmehr um die deutsche Universität im allgemeinen. Außerdem befinde ich mich nicht auf dem Katheder eines Hörsaals, sondern auf der Bühne eines Theaters, sozusagen auf einem – ortsfesten – Thespiskarren.

Erwarten Sie nun die Aufführung einer Tragödie?

Thespis, der nach Horaz[1]) mit einem Wagen umherzog, auf dem er seine Stücke darbot, war Tragiker. Der klassischen Tragödie, in der der Held die ihm gesetzten Grenzen verletzt und infolge dessen seinen Untergang heraufbeschwört, steht in der Dichtung unserer Zeit – zum Beispiel bei Brecht – das epische Drama gegenüber. Durch Überzeichnung oder Verfremdung wird die Erschütterung des Zuschauers, der sich nicht mehr mit dem Helden zu identifizieren vermag, in kritisches Nachdenken verwandelt.

Damit bin ich schon recht nahe beim Anliegen meines Vortrages: Nicht eine Tragödie der deutschen Universität möchte ich „aufführen", sondern zum kritischen Nachdenken will ich anregen, nicht zuletzt dadurch, daß ich gelegentlich überzeichne. Konstruktiv soll meine Kritik sein. Es geht mir nicht darum, erneut einen Notstand auszurufen oder zur Reform zu blasen. In der heutigen Situation sollten wir mit Bedacht herauszufinden versuchen, wie sich das, was einst zu gewaltsam reformiert wurde, evolutiv zum Guten wenden läßt.

Die Hauptteile meines Vortrages sind den drei Abschnitten unseres zeitlichen Bewußtseins zugeordnet: Vergangenheit, Gegenwart und Zukunft.

Die Vielfalt der Formen der Universität ist historisch gewachsen. Das Wort Vielfalt erscheint als Substantiv in der deutschen Sprache erst seit dem 18. Jahrhundert, und zwar als Gegenbegriff zur Einfalt. Diese ist schon im Althochdeutschen als „einfalti", oder im Mittelhochdeutschen als „einvalte" in der Bedeutung von Einfachheit, Schlichtheit, oder gar Arglosigkeit zu finden. Hieraus ging erst die jetzt übliche Bedeutung des Wortes hervor. Sicherlich war die auf dem Verordnungswege herbeigeführte *sancta simplicitas* der

Reformen nicht das Werk einfältiger Reformer. Allein, evolutiv entstandene Vielfalt, *universitas,* ist nicht durch Pauschalverordnungen zu reformieren. Sie kann allein durch angemessen differenziertes *procedere* – durch evolutive Anpassung an die Bedürfnisse der Zeit – erhalten und neu mit Leben erfüllt werden.

I. Rückbesinnung

Ausgangspunkt meiner Bestandsaufnahme ist Karl Jaspers' Schrift aus dem Jahre 1945,[2]) zu der er im Vorwort sagt: „Die Zukunft unserer Universitäten, sofern ihnen eine Chance gegeben wird, beruht auf der Wiedererneuerung ihres ursprünglichen Geistes". Jaspers beschwört diesen Geist in einem Augenblick, in dem keineswegs feststeht, ob er überhaupt noch zu beleben ist: „Nur unser tiefster Ernst kann noch verwirklichen, was möglich ist." Er erinnert an die Aufgabe der Universität, „die Wahrheit in der Gemeinschaft von Forschern und Schülern zu suchen". „Weil Wahrheit durch Wissenschaft zu suchen ist, ist Forschung das Grundanliegen der Universität." „Weil Wahrheit überliefert werden soll, ist Unterricht die zweite Aufgabe der Universität." Beide Grundanliegen, Forschung und Unterricht, sind nicht voneinander zu trennen: „Da aber Überlieferung von bloßen Kenntnissen und Fertigkeiten unzureichend für das Erfassen von Wahrheit wäre, die vielmehr eine geistige Formung des ganzen Menschen verlangt, so ist Bildung der Sinn von Unterricht und Forschung."

Haben wir 1945, als Jaspers diese Worte schrieb, begriffen, worum es ihm ging? Haben wir die Chance einer Erneuerung durch Rückbesinnung ergriffen, oder haben wir sie – damals bereits – vertan?

Auf einer Podiumsdiskussion, die anläßlich des vierzigsten Jahrestages der Wiedereröffnung der Göttinger Universität nach dem Kriege stattfand, stellte einer der Teilnehmer, Politiker in einem norddeutschen Stadtstaat, diese Frage, um sie sogleich in negativem Sinne zu beantworten. War er denn dabei, als die Georgia Augusta als erste deutsche Universität ihre Pforten wieder öffnete? Das, was zu reformieren gewesen wäre, existierte nicht mehr, ja, hätte erst zum Leben erweckt werden müssen, und die, die solches vermocht hätten, waren nicht da. Sie mußten erst gefunden werden, sie mußten sich erst selber finden.

Ich erinnere mich jener Tage, als ich im September 1945, knapp 18-jährig, der Kriegsgefangenschaft entronnen, in Göttingen eintraf. Tagsüber wurde hart gearbeitet, bis spät in die Nacht hinein wurde diskutiert, oft bis zum frühen Morgen, wenn man wegen der Sperrstunde nicht rechtzeitig nach Hause gelangte. Es gab keine Vorschriften, nach denen man mit 18 zu jung oder mit 40 zu alt zum Studium war. Es gab kein *curriculum,* das jemanden gehindert hätte, nach zehn Semestern Studium promoviert zu werden. Meine Kommilitonen rekrutierten sich aus allen Altersschichten zwischen 18 und 50 Jahren, und wir besuchten nicht bloß Vorlesungen in den naturwissenschaftlichen Pflichtfächern, etwa bei Franz Rellich, Gustav Herglotz, Theodor Kaluza, Hans Kopfermann, Werner Heisenberg, Richard Becker, Arnold Eucken, Robert Wichard Pohl, wir gingen als Physiker auch zu Nicolai Hartmann und hörten bei Rudolf Gerber Vorlesungen über Brahms und Schumann. *Universitas* bedeutete damals wirklich *multiversitas.* [3])

Eine revolutionäre Umgestaltung, wie sie manchem wohl vorschwebte, hätte zu jener Zeit das wenige an Substanz, das noch geblieben war, vollends zerstört. Jaspers sprach nicht ohne Grund von einer „Erneuerung durch

Rückbesinnung", Allein Rückbesinnung konnte die Erhaltung dessen garantieren, was in langer Zeit natürlich gewachsen war und sich bewährt hatte. Rückbesinnung allein hätte der veränderten Zeit nicht mehr gerecht werden können, Neubesinnung war ebenso notwendig. Erneuerung durch Rückbesinnung hätte einer Integration zu neuer Einheit bedurft. Diese neue *universitas* blieb eine leere Forderung, die an der wiederbelebten multiversen Wirklichkeit der deutschen Hochschule vorbeiging. Die Reformen, die schließlich überfällig wurden, nahmen sich lediglich des Problems der Quantitäten an, eine qualitative Neuorientierung unterblieb.

Was sind die Ursachen?

Die frühe europäische Universität, als *universitas magistrorum et scholarium,* als Gemeinschaft von Lehrenden und Lernenden, wie auch als *universitas literarum,* als Gesamtheit der – kirchlich anerkannten – Wissenschaften, hatte ihre Wurzeln im antiken Griechenland. Die erste Gründungswelle geht im Mittelalter von Italien aus (Parma 1065, Bologna und Modena 1175. Padua 1222, Neapel 1224, Siena 1240, Macerata 1290), greift über auf Frankreich (Paris 1175, Toulouse 1229), Spanien (Salamanca 1218, Valladolid 1250), Portugal (Lissabon/Coimbra 1290) und erreicht fast gleichzeitig England (Cambridge 1229, Oxford: University College 1249, Balliol College 1263 und St. Edmund Hall 1290). Die erste deutsche Universität wird 1348 in Prag gegründet. Es folgen Wien (1365) und – unter dem Einfluß des großen abendländischen Schismas der Kirche – Heidelberg (1386), Köln (1388) und Erfurt (1392). Vom Beginn des 15. bis zum Ende des 18. Jahrhunderts hat sich die Zahl der Universitä-

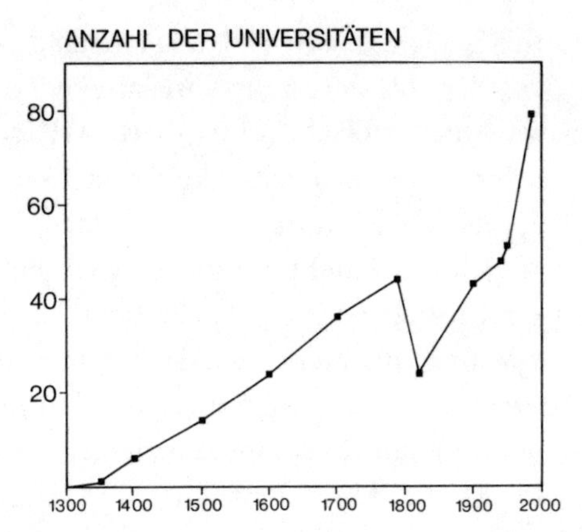

Abb. 1. Zahl der Universitäten auf dem Gebiet der Bundesrepublik Deutschland, der Deutschen Demokratischen Republik und Österreichs zwischen 1300 und 1985. Erfaßt wurden außerdem die technischen Hochschulen, die medizinischen Akademien, sowie die Wirtschaftsakademien. Unberücksichtigt blieben dagegen pädagogische Hochschulen, theologischen Hochschulen, andere Fachhochschulen, sowie Kunst- und Musikakademien. (Die Daten wurden Zitat 4 entnommen)

ten im deutschsprachigen Raum aufgrund landesherrlicher Gründungen stetig vermehrt (Abb. 1).[4]) Das deutsche Reich verfügte gegen Ende des 18. Jahrhunderts mit nahezu 50 Universitäten über das größte Potential akademischer Bildungsstätten in Europa. Zwar gab es als Folge der Napoleonischen Feldzüge, der Zerschlagung des Reiches und der Säkularisation zunächst einen tiefen, wenngleich vorübergehenden Einbruch: Zwischen 1792 und 1818 wurden nicht weniger als 22 Universitäten aufgelöst. Doch bleibt festzuhalten, daß die Zahl der bis zu jenem Zeitpunkt erfolgten Universitätsgründungen bereits so groß war wie die Zahl der um die Mitte u n s e r e s Jahrhunderts existierenden deutschen Hochschulen. Erst nach 1950 hat sich die Anzahl der Universitäten noch einmal verdoppelt.

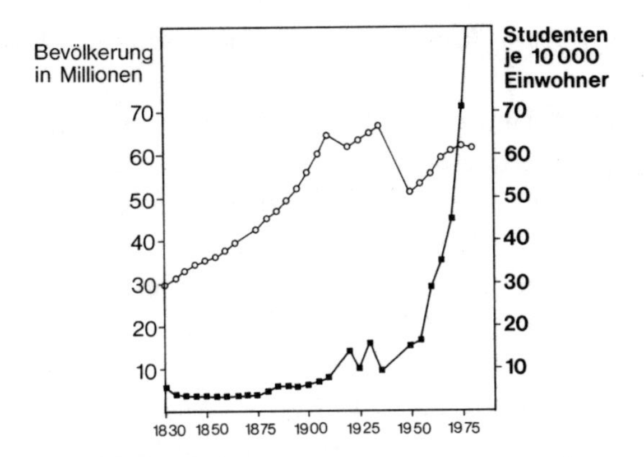

Abb. 2. Gegenüberstellung von Bevölkerungs- und Studentenzahlen zwischen 1830 und 1980. Erfaßt wurden für 1830–1871: der deutsche Bund, dem Teile Österreichs und Preußens nicht angehörten, für 1871–1919: das deutsche Reich (ohne Österreich und Luxemburg, jedoch mit Elsaß-Lothringen, sowie sämtlichen preußischen Provinzen), für 1919–1945: das deutsche Reich (nunmehr ohne Elsaß-Lothringen, Westpreußen usw.); ab 1945: die Bundesrepublik Deutschland. (Die Daten entstammen Zitat 4)

Für den quantitativen Aspekt der Vielfalt ist nicht nur die Menge der Universitäten, sondern auch ihre Größe ausschlaggebend. Im späten Mittelalter fand man an einer Universität im allgemeinen 100 bis 200 Studenten und etwa 10 bis 15 Professoren. In der ersten Hälfte dieses Jahrhunderts dagegen lagen die Studentenzahlen eher bei 2000 bis 4000, und in unseren Tagen gibt es gar Universitäten mit über 40 000 Studierenden. Bis zum Beginn des Dreißigjährigen Krieges war die Gesamtzahl der Studenten an deutschen Universitäten auf circa 8000 gewachsen, ging allerdings infolge der Kriegsauswirkungen auf etwa 6000 zurück. Der Rückgang der Bevölkerung war dagegen prozentual sehr viel stärker. Die auf die Bevölkerungszahl bezogene Studentenzahl ist bei Ausbruch des Dreißigjährigen Krieges etwa so hoch wie am Anfang des 19. Jahrhunderts (vergleiche Abb. 2).

Natürlich sind die l o k a l e n Zahlenwerte sehr großen Schwankungen unterworfen und darüber hinaus mit gewissem Vorbehalt zu betrachten, denn die Trennlinie zwischen Gymnasium oder Lyceum und Universität war vor dem 19. Jahrhundert nicht so scharf definiert wie in unseren Tagen. Noch Ende des 18. Jahrhunderts hatten Erfurt, Rostock, Greifswald, Herborn, Paderborn, Altdorf, Duisburg und Fulda jeweils weniger als 100 Studenten, während in Leipzig 720, in Jena 561, in Göttingen 874 und in Halle gar 1076 registriert waren. Die Universitäten Halle und Göttingen, gegründet auf dem Boden der Aufklärung, übten offensichtlich eine starke Anziehungskraft auf Studenten und Professoren aus. Die Gesamtzahl der Professoren im deutschsprachigen Gebiet im Jahre 1796 betrug 932. Noch 1860 war diese Zahl ungefähr gleich. Erst um 1900 hatte sie sich nahezu verdoppelt. Eine Sonderstellung nahm seit ihrer Gründung die Berliner Universität ein. Sie beherbergte im Winter-Semester 1886/87 bereits über 5000 Studenten und zusätzlich 1500 Berechtigte zum Besuch der Vorlesungen, die von 72 Ordinarien, 79 a.o. Professoren und 122 Privatdozenten wahrgenommen wurden. (Weitere Beispiele in Abb. 3).

Zahlen reflektieren lediglich e i n e n Aspekt der Universitätswirklichkeit. Wie sah es mit der geistigen Entwicklung aus? Welchen Veränderungen war die Idee der Universität im Laufe der Zeiten unterworfen?

Die Grundlage der Universität ist von Beginn an *lectio et disputatio,* Lehre und (Streit-)Gespräch. Die Lehre entwikkelte sich aus der kirchlichen Tradition. Nach dem Vorbild der Pariser Universität wurden zunächst drei Fakultäten errichtet, die theologische, die auch die Führungsrolle innehatte, die juristische und die medizinische. Zu diesen gesellte

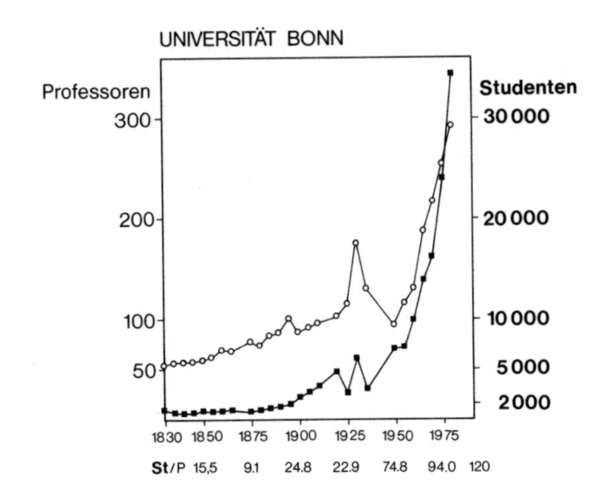

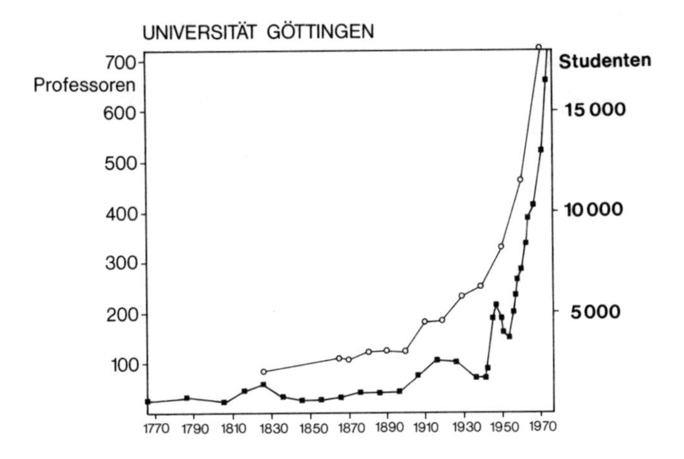

Abb. 3. Entwicklung der Professoren (○)- und Studenten (■)-Zahlen zwischen 1830 und 1980; a) für die Universität Bonn (siehe Zitat 4), b) für die Universität Göttingen. (Zusammenstellung des Amtes für Statistik und Stadtforschung der Stadt Göttingen, sowie: D. Denecke; „Materialien zur historischen Stadtgeographie und zur Stadtplanung", Göttingen, 1979. Für Bonn wurden lediglich o. Professoren, für Göttingen Professoren und Dozenten berücksichtigt.

sich später die Artistenfakultät (*artes liberales,* der Ausdruck hat sich im Englischen erhalten). Sie hatte den größten Zustrom, denn ihr fielen Aufgaben zu, die heute von der Schule wahrgenommen werden. Aus der Artistenfakultät ging in der Renaissance die philosophische und später auch die mathematisch-naturwissenschaftliche Fakultät hervor. Universitätsgründungen richteten sich im wesentlichen an den Interessen des jeweiligen Landesherren aus. Dieser war es, der der Universität ein – oft recht schmales – wirtschaftliches Fundament sicherte. Die den Universitäten im Mittelalter gewährten Privilegien, Autonomie und korporative Selbstverwaltung, die eine Gerichtshoheit mit einschloß, wurden im Absolutismus wieder durch eben die Landesherren eingeengt oder gar beseitigt. Die Studenten mußten Gebühren entrichten, standen sich aufgrund ihrer Herkunft wirtschaftlich indes oft besser als ihre Magister, die durchweg auf Nebenerwerb angewiesen waren. Die Promotion zum Doktor beinhaltete die Lehrerlaubnis für alle europäischen Universitäten. Universalsprache der Gelehrten war das Latein.

Die späte Scholastik, besser: der Scholastizismus, führte im 14. Jahrhundert zu einer gewissen Erstarrung der Universitäten, die erst in der Auseinandersetzung mit dem Humanismus, der Renaissance und der Reformation überwunden werden konnte. Eine ähnliche Erstarrung trat im späten 17. und frühen 18. Jahrhundert ein. Sie machte die neu gegründeten Universitäten von Halle (1694) und Göttingen (1736) zum Anziehungspunkt einer den Ideen der Aufklärung verschriebenen Generation. Forschung, gegründet auf Beobachtung und Experiment, wurde jetzt erst zu einem immanenten Anliegen der Universität. Diese Entwicklung kulminierte in der Gründung der Berliner Universität durch Wilhelm von Humboldt im Jahre 1810.[5])

Das von Humboldt geprägte Ideal ruht auf drei Säulen:

1) Freiheit von Forschung und Lehre
2) Einheit von Forschung und Lehre
3) Primat von Bildung vor beruflicher Ausbildung

Dabei soll „der Staat sich immer bewußt bleiben, daß die Sache an sich ohne ihn viel besser gehen würde."

Das Konzept erwies sich als derart potent, daß die Berliner Universität zum Modell wurde, an dem sich sehr bald alle deutschen Universitäten orientierten. Die Humboldtsche Idee machte keineswegs an unseren Grenzen halt. Das wird einem besonders bewußt, wenn man eine japanische Universität besucht. Vor allem aber lebt das Humboldtsche Ideal jetzt im amerikanischen Bildungssystem fort.

Eine der ersten Universitäten in den USA, die nach Humboldts Konzept gegründet wurde, war Johns Hopkins in Baltimore. Die Umwandlung des Harvard College in die Harvard University folgte diesem Beispiel und wurde zum Modell der modernen amerikanischen Universitäten – und zwar keineswegs nur der „Ivy League Schools" an der Ostküste der Vereinigten Staaten, sondern auch der großen Staatsuniversitäten im mittleren Westen und speziell in Kalifornien. Steven Müller, der gegenwärtige Präsident der Johns Hopkins Universität schrieb kürzlich in einem Aufsatz[6]) mit dem Titel „William von Humboldt and the University in the United States": „What was it that made the ideas of freedom of inquiry and the unity of teaching and research so irresistibly attractive to young American scholars? Behind those famous precepts stood a fundamental proposition, not nearly as famous and – at least in the original – almost entirely unknown to Americans! Von Humboldts fundamental purpose was ‚das Prinzip zu erhalten, die Wissenschaft als etwas noch nicht Gefundenes und nie ganz

Aufzufindendes zu betrachten und unablässig sie als solche zu suchen'." Müller beendet seinen Artikel mit der Frage: „What could be more paradoxical than the fact that a heroic effort to reshape Prussian education along the lines of a classical Greek tradition, which was more imaginary than real, should have led so directly to the creation in America of precisely the right new university for the new industrial and technological age?"

Ergänzt wurde Humboldts Idee nach der Reichsgründung in Versailles durch eine kluge und geschickte Hochschulpolitik – insbesondere der preußischen Kultusverwaltung. Herausragende Persönlichkeit war der Ministerialdirektor Friedrich Althoff. Er enthielt sich dirigistischer Eingriffe und förderte intensiv da, wo gute Ansätze zu erkennen waren. Ihm ist es zu verdanken, daß Göttingen bereits im Jahre 1911 aufgrund einer glücklichen Konstellation über fünf Lehrstühle für Mathematik verfügte, während damals für alle übrigen deutschen Universitäten eine Mathematik-Professur die Regel war. Die große Tradition der Göttinger Mathematik, beginnend mit Carl Friedrich Gauss, Lejeune Dirichlet und Bernhard Riemann wird bis in unsere Tage mit Felix Klein, David Hilbert, Hermann Minkowsky, Hermann Weyl, Carl Runge, Gustav Herglotz, Edmund Landau, Richard Courant, Emmy Noether, Felix Bernstein, Theodor Kaluza, Carl Ludwig Siegel . . . fortgesetzt. Ähnliches gilt für die Physik. In den zwanziger Jahren wurde Göttingen zum internationalen Treffpunkt der Physik und zur Geburtsstätte der Quantenmechanik. Vorausgegangen waren die Berufungen von Peter Debye, Max Born, James Franck und Robert W. Pohl. Auch die Chemie mit ihrer durch Friedrich Wöhler begründeten Tradition weist eine stolze Liste von Namen auf. Als Hans Kopfermann von seiner ersten USA-Reise nach dem 2. Weltkrieg nach Göttingen zurückkehrte und im physikalischen Kolloquium von seinen Reiseeindrücken berichtete, sagte er etwa folgende Worte: „Am meisten hat mich beeindruckt, daß Göttingen auch heute noch in den USA in so hohem Ansehen steht. Wir sollten unseren Ruf möglichst sparsam verwirtschaften."

Dieses in den zwanziger Jahren erworbene Ansehen war es, das Göttingen 1945 erneut zum Treffpunkt der verbliebenen Physiker werden ließ. Hier versammelten sich zunächst Max Planck, Otto Hahn, Max von Laue, Max Born (der seinen Alterssitz im nahen Bad Pyrmont wählte), Werner Heisenberg, Pascual Jordan, Carl Friedrich von Weizsäcker und viele mehr. Das brachte einen ständigen Besucherstrom von namhaften Physikern aus aller Welt nach Göttingen. Das physikalische Kolloquium, Montag nachmittags um 5 Uhr, war für uns Studenten unvergeßbares Erlebnis. Als mich einmal Gershom Scholem besuchte und fragte, was es in Göttingen zu sehen gäbe, war meine spontane Antwort: „Der Stadtfriedhof".

Das von Althoff praktizierte Prinzip, dort zu fördern, wo bereits hervorragende Arbeiten ausgeführt werden und nicht da, wo nichts geschieht, wurde später von der Kaiser-Wilhelm-Gesellschaft sowie ihrer Nachfolgerin, der Max-Planck-Gesellschaft, adoptiert. Es war wiederum Althoff, der hinter den Plänen zur Gründung der Kaiser-Wilhelm-Gesellschaft stand, die jedoch erst nach seinem Tode (1910) verwirklicht werden konnten.

Die Vielfalt der deutschen Universität mit ihrer Orientierung zur Forschung, mit ihrer Diversität und Fächerfülle, war das Ergebnis einer umsichtigen Hochschul- und Wissenschaftspolitik. Deutschland wurde zur Wiege der modernen Naturwissenschaften. Die Mathematik stand in Blüte, die wesentlichen Denkrichtungen der neuen Physik: Quantentheorie, Relativitätstheorie und Quantenmechanik nahmen ihren Anfang an deutschen Universitäten, so in Berlin, München und Göttingen. Die allerersten Naturstoffe wurden in deutschen Laboratorien synthetisiert. Die chemische wie auch die Elektro-Industrie nahmen, nicht zuletzt dank der florierenden Forschung an unseren Hochschulen, einen Aufschwung, wie er sich nur noch in den USA nach dem 2. Weltkrieg – aufgrund einer ähnlichen Sachlage – reproduzierte. Von den 42 von 1900 bis 1945 vergebenen Chemie-Nobelpreisen gingen allein 18 (das ist fast die Hälfte) an deutsche Forscher. Von den 60 seither verteilten Preisen sind es lediglich 7, also etwas über 10 Prozent.

Es gab eine Vielfalt von Hochschultypen, von der Universität und der Technischen Hochschule – jede versuchte Schwerpunkte zu bilden und auf „ihrem" Gebiet führend zu sein – über die Bergakademie, die medizinische Akademie, die Wirtschaftsakademie, die pädagogische Hochschule bis hin zur Kunstakademie. Ergänzt wurde diese Palette durch Forschungseinrichtungen und Spezialinstitute. Das System war so in sich gefestigt, daß es unbeschadet die Erschütterungen des verlorenen 1. Weltkriegs überstand. In den zwanziger Jahren erlebt Deutschland eine Blüte in der Mathematik, Physik, Chemie und Biochemie, nicht minder in der Architektur, Malerei und Musik. Erst der Ungeist, der mit der Machtübernahme durch die Nationalsozialisten schlagartig die Oberhand gewann, in Terror, wie Bücherverbrennungen und Progrome, ausartete und damit den Exodus jüdischer Gelehrter auslöste, bedeutete für die deutsche Universität einen Aderlaß, von dem sie sich bis heute nicht erholt hat. Man werfe einen Blick auf die Liste der deutschen Physiker, Chemiker und Biologen (Tafel 1), die nach 1933 Deutschland verlassen haben, und die einen Nobelpreis hatten oder ihn später erhielten. Es ließen sich die Namen vieler

Tafel 1

Die folgenden mit dem Nobelpreis ausgezeichneten Naturwissenschaftler verließen Deutschland zwischen 1933 und 1940. Die Jahreszahl bezieht sich jeweils auf den Zeitpunkt der Preisverleihung.

Hans Bethe	Physik	1967
Felix Bloch	Physik	1952
Konrad Bloch	Medizin	1964
Max Born	Physik	1954
Ernst Chain	Medizin	1945
Gerty Theresa Cori	Medizin	1947
Carl Cori	Medizin	1947
Peter Debye	Chemie	1936
Max Delbrück	Medizin	1969
Albert Einstein	Physik	1921
James Franck	Physik	1925
Maria Göppert-Mayer	Physik	1963
Fritz Haber	Chemie	1918
Gerhard Herzberg	Chemie	1971
Robert Hofstadter	Physik	1961
Bernard Katz	Medizin	1970
Hans Krebs	Medizin	1953
Fritz Lipmann	Medizin	1953
Otto Loewi	Medizin	1936
Otto Meyerhof	Medizin	1923
Wolfgang Pauli	Physik	1945
Max Perutz	Chemie	1962
Erwin Schrödinger	Physik	1933
Otto Stern	Physik	1943
Richard Willstätter	Chemie	1915

weiterer Gelehrter anschließen, die Großes geleistet haben, unter anderem auch auf Gebieten, die nicht durch den Nobelpreis bedacht werden.

II. Das Hexeneinmaleins der Reformen

Als ich im Winter-Semester 1950/51 in Göttingen promovierte, waren 4088 Studenten eingeschrieben. Heute zählt die Georgia Augusta 30 000 Studenten. Dieser Anstieg ist typisch für die Entwicklung in der Bundesrepublik: Die Gesamtzahl der Studierenden an deutschen Hochschulen betrug im Winter-Semester 1984/1985 rund 1.3 Millionen. 1950 waren es nur 109 200.

„Du mußt verstehn!
Aus Eins mach Zehn,
Und Zwei laß gehn,
Und drei mach' gleich,
So bist du reich.
Verlier die Vier!
Aus Fünf und Sechs,
So sagt die Hex',
Mach Sieben und Acht,
So ist's vollbracht:
Und Neun ist Eins
Und Zehn ist keins.
Das ist das Hexen-Einmal-Eins.".

(J. W. von Goethe, Faust II)

Kurz vor der Humboldtschen Erneuerung der Universität, stand man qualitativ – wenngleich nicht quantitativ – ganz ähnlichen Problemen gegenüber wie vor den Reformen in den sechziger Jahren. [7]) So klagte man über den ungenügenden Ausbildungsstand der Studienanfänger, die mangelnde Motivation der Studenten. Friedrich Schiller hatte schon 1789 in seiner Antrittsvorlesung in Jena das „Brotstudium“ angeprangert. Man beschwerte sich jedoch ebenso über die teilweise sehr dürftige Qualität der Vorlesungen und über die „Inzucht“ bei der Besetzung der Lehrstühle. Wem wären alle diese Klagen nicht auch heute vertraut?

Andererseits darf nicht übersehen werden, daß der Anlaß der Berliner Universitätsgründung nicht eigentlich ein Streben nach Reform war. Humboldt nutzte einfach eine sich ihm bietenden Gelegenheit: Preußen, das im Frieden von Tilsit 1807 seine westelbischen Gebiete verloren hatte, brauchte eine neue Universität. Sie sollte vor allem den Verlust von Halle, der neben Göttingen damals fortschrittlichsten Universität, ausgleichen. In Göttingen und Halle war das Konzept einer Einheit von Forschung und Lehre weitgehend verwirklicht. Carl Friedrich Gauss, der im Jahre 1807 nach Göttingen berufen worden war, brachte dort nicht nur die Mathematik zur Blüte, sondern sorgte gemeinsam mit Wilhelm Weber gleichermaßen für die Entwicklung und den Ausbau einer experimentell ausgerichteten physikalischen Forschung.

Wilhelm von Humboldt konnte also auf Modelle zurückgreifen. Hinzu kommt, daß sein Vorgänger im Amt, der Kabinettsrat Beyme, gründliche Vorarbeit geleistet hatte. Das hätte eine Lehre für die Erneuerung unserer Universitäten sein können: Reformen an Vorbildern zu orientieren, sie zu erproben, bevor man sie als allgemein verbindlich verfügt. Wären wir in den sechziger Jahren in diesem Sinne verfahren, wäre die Universitätslandschaft heute vermutlich besser gegliedert. Ansätze waren ja durchaus vorhanden, etwa die Gründung der Universität Konstanz als überschaubare, forschungsintensive Hochschule, oder der Aufbau des

Physik-Departments an der technischen Universität München mit einer sich nicht an Kapazitätsverordnungen orientierenden Vielzahl von Parallel-Lehrstühlen. Ebenso gab es überzeugend negative Modellansätze, vor allem im norddeutschen Raum. Das Motto jener Tage war: aus eins mach zehn! Dies entsprach vielleicht noch einem natürlichen Zwang, einer Art von Massenwirkungsgesetz. Erst die den Neugründungen und dem Ausbau der bestehenden Universitäten folgenden Reformen, die Codifizierung von einheitlichen Zulassungsbestimmungen, Lehrkapazitätsverordnungen, Regellehrverpflichtungen, Vergaberichtlinien – und insbesondere die Einklagbarkeit der Einhaltung all dieser Bestimmungen – waren es, die die Eintönigkeit der Atmosphäre an unseren Hochschulen schufen. Wenn alles zehn mal so groß und trotzdem undifferenziert gleich bleiben soll, dann kann es nur gleich schlecht werden. Ich möchte nicht mißverstanden werden. Es geht nicht um die Frage: Massen- oder Eliteuniversität? Eine Verbreiterung des Bildungsangebotes war notwendig, aber sie durfte nicht ohne Neustrukturierung, ohne Setzung innovativer Akzente, vorgenommen werden

Auf unserem Planeten existieren einige Millionen verschiedener Lebewesen: Einzeller – wie Bakterien und Blaualgen – Protozoen, niedere und höhere Pflanzen, Insekten, Kriechtiere, Fische, Vögel, Säuger, der Mensch. Die heute lebenden Arten, von denen bisher ungefähr 400000 Pflanzen und 1,4 Millionen Tierarten beschrieben worden sind, stellen einen verschwindend kleinen Ausschnitt aus der Formenvielfalt dar, die die Natur im Verlaufe der Evolution hervorgebracht hat. Der überwiegende Teil wurde abgewandelt, ausgesondert, oder fiel veränderten Umweltbedingungen zum Opfer. Eine der größten Umgestaltungen der Atmosphäre fand vor etwa 2 Milliarden Jahren statt. Die in den Cyanobakterien ablaufende Photosynthese, bei der mit Hilfe des Sonnenlichts aus Kohlendioxyd und Wasser energiereiche organische Substanzen aufgebaut werden, erzeugte – sozusagen als Abfallprodukt – freien Sauerstoff, der an die Atmosphäre abgegeben wurde. Dieser freie Sauerstoff ist äußerst reaktionsfreudig. Geologisches Zeugnis dieser Epoche der frühen Evolution sind riesige bänderförmige Metalloxyd-Ablagerungen in der äußeren Erdkruste. Für die damaligen anaeroben Mikroorganismen bedeutet das allmähliche Erscheinen des freien Sauerstoffs in der Atmosphäre eine Umweltkatastrophe von gewaltigen Ausmaßen, die die meisten von ihnen nicht überlebten. Gleichwohl zeigte sich, daß es möglich war, mit Hilfe des Sauerstoffs das von der Photosynthese ständig nachgelieferte energiereiche Material viel effizienter auszunutzen. Produkte – wie zum Beispiel die Glukose – lassen sich in Umkehrung der Photosynthesereaktion vermittels des Sauerstoffs verbrennen. Der Biologe nennt diesen Prozeß Atmung. Er liefert 18 mal so viel nutzbare Energie wie der anaerobe Abbau, die Gärung oder Glykolyse. Die Natur hat, aufbauend auf die Stoffwechselreaktionen der Glykolyse, durch Evolution des Stoffwechselapparats der Zelle diese Chance genutzt. Aus der schleichenden Umweltkatastrophe, höchster Gefahr *für das* Leben wurde so eine Reform *des* Lebens. Die Evolution konnte nun erst richtig in Gang kommen. Die Vielfalt des Lebens, die Wunderwerke der Schöpfung, entstanden im Gefolge dieser Entwicklung. Wäre eine solche Reform in ihren frühesten Anfängen für alle Lebewesen verbindlich gewesen, wäre der freie Sauerstoff mit einem Schlage in der Atmosphäre erschienen, hätte kaum einer der anaeroben Vorläufer überleben können. Es wäre das (vorläufige?) Ende allen Lebens auf unserem Planeten gewesen. So aber haben anaerobe Einzeller in Nischen bis in unsere Tage überlebt, und die Glykolyse ist nach wie vor ein Prozeß, der eine wichtige Funktion im Stoffwechselgeschehen hat. Selbst da, wo in der Evolution des Lebens universelle Entscheidungen getroffen wurden – wie bei der Fixierung des genetischen Codes – geschah dies erst, nachdem die optimale Form gefunden war. Die Technik hat ein solches Vorgehen der Natur längst abgeschaut.

Mir scheint, daß auch Wilhelm von Humboldt und seine Zeitgenossen diesen Vorzug evolutiver Reform wohl verstanden hatten. Die Veränderung wird zunächst am Einzelobjekt vorgenommen, vergleichbar einer Mutation, die zuerst in einem einzigen Individuum erfolgt. Ist sie für Wachstum und Ausbreitung vorteilhaft, gewinnt sie an Boden, ohne dabei das Bestehende auszumerzen. Erst wenn ihr Vorteil unter allen möglichen Umweltbedingungen manifest ist, kommt es zur globalen Ausbreitung, zur allgemein verbindlichen Festschreibung.

Die Rückbesinnung, von der Jaspers 1945 sprach, hat in der Tat nach dem Kriege sehr schnell eingesetzt, und man hätte schon Anfang der fünfziger Jahre punktuell die Erneuneuerung vorantreiben können. Von den vielen der damals noch wissenschaftlich aktiven Emigranten konnte nur ein sehr kleiner Bruchteil zurückgewonnen werden, nicht zuletzt deshalb, weil man es nicht systematisch und großzügig genug betrieb. Eine Rückkehr der Gelehrten aus den angelsächsischen Ländern hätte zu einer Entkrampfung der Beziehungen innerhalb der – hier noch weitgehend pyramidal angeordneten – „Gemeinschaft der Lehrenden und Lernenden" führen können. Sie, die Rückkehrenden, hätten ihren Talar nicht so ernst genommen, sie hätten jedoch ebensowenig – allein aufgrund eines provokativen Slogans[8]) – sich unversehens dessen geschämt und entledigt. Die längst fällige Reform war so überfällig geworden, daß sie in Revolution ausarten mußte. Optimierung ist evolutiver Natur. In einer Revolution indes bleibt die evolutive Anpassung auf der Strecke.

Nun will ich nicht in den Fehler verfallen und die pauschalen Maßnahmen der Reform mit ebenso pauschaler Kritik überziehen. Die Notwendigkeit einer Reform wurde von vielen der damals Lehrenden – und nicht allein von diesen – erkannt. Schon 1947 hatte der britische Militärgouverneur einen Studienausschuß für eine Hochschulreform berufen, der im sogenannten Blauen Gutachten einen Plan erarbeitete, der sich an der Eidgenössischen Technischen Hochschule in Zürich orientierte.[9]) Das Blaue Gutachten teilte das Schicksal anderer Reformpläne des ersten Nachkriegsjahrzehnts. Der Versuch scheiterte, weil er damals weder politisch noch verwaltungstechnisch durchsetzbar war. Ende der Fünfziger Jahre entstand der Begriff des Bildungsnotstands. 1964 erschien Georg Pichts Schrift „Die deutsche Bildungskatastrophe".[10]) Seine Beurteilung der Ausgangslage, die strukturellen und statistischen Analysen, der Hinweis auf das Defizit deutscher Schüler- und Studentenzahlen relativ zur Bevölkerung (insbesondere im Vergleich mit den USA), waren der Sachlage durchaus angemessen. Allerdings wurde die politische Eigengesetzlichkeit der einmal angestoßenen Entwicklung nicht richtig eingeschätzt. Man kann nicht einmal den Vorwurf erheben, daß die Reformen nicht gründlich vorbereitet worden wären. Der Wissenschaftsrat hatte unter großem Einsatz seiner Mitglieder – die Zugehörigkeit war und ist ehrenamtlich – in Marathonsitzungen Empfehlungen[11]) ausgearbeitet, die quantitativ der Situation gerecht wurden. Die Hauptursache des Mißerfolges ist wohl in der politischen Polarisierung der Reformidee, später dann in der Erstarrung in Rechtsvorschriften zu suchen. Im Jahre 1969 nahm ich in Bonn an einer Gesprächsrunde teil, in der die Frage diskutiert wurde, ob man die Reform eher in Richtung Eliteuniversität lenken oder ob man der Massenuniversität den Vorzug geben sollte. Die Frage war einfach falsch gestellt. Sie hätte lauten müssen: Wie soll man strukturieren, damit eine Verbreiterung des Bildungssockels die nach wie vor notwendige Erbringung von Höchstleistungen nicht behindert sondern fördert? Im Wissenschaftsrat hat es an alternativen Vorschlägen keineswegs gefehlt. Man hätte die Einheit von Forschung und Lehre an den bestehenden Universitäten stärken sollen und das Bedürfnis nach einer Verbreiterung des Bildungsangebots durch College-Stufen nach amerikanischem Muster befriedigen können. Man hätte Aufnahmebedingungen nach Fächern und Universitäten abstufen müssen. Auf diese Weise hätte sich vielleicht eine konturreichere Universitätslandschaft bewahren lassen.

III. Erneuerung

Was immer man in Zukunft unternehmen will, um der Universitätslandschaft wieder mehr Gestalt zu geben, man wird nicht umhin können, die durch die Reformen geschaffene Lage zu akzeptieren und sie zum Ausgangspunkt innovativer Bemühungen zu machen. In der gegenwärtigen Situation ist ausschließlich konstruktive Kritik gefragt. Diese muß wegweisend sein und den zukünftigen Randbedingungen (kleinere Studentenzahlen, Ende des Überflusses) Rechnung tragen. Eine nochmalige pauschale Umgestaltung – begleitet von zusätzlichen Gesetzesvorschriften – könnte sich verheerend auswirken. Paradoxerweise lassen sich Gesetzesvorschriften nur durch eben solche wieder aufheben. Das sollte auch geschehen, aber dann derart, daß sich wieder F r e i r ä u m e für eine dynamische Entwicklung und für eine individuelle Differenzierung der Hochschulen gewinnen lassen. Nur in einem Freiraum ist es möglich, evolutiv vorzugehen. Dementsprechend fordert Walter Rüegg[9]) „die Einführung eines rechtlichen Rahmens, in dem sich institutioneller und individueller Wettbewerb entfalten können."

Da in den USA die Koexistenz von Massen- und Eliteuniversität durchaus erfolgreich ist, möchte ich mit einer Gegenüberstellung beider Bildungssysteme beginnen.

Es ist kaum zu bestreiten, daß die Amerikaner eine fundiertere demokratische Tradition besitzen als die Deutschen. Dennoch ist es für einen Amerikaner das Natürlichste in der Welt, daß die Zulassungsbedingungen für die verschiedenen Universitäten, gleichgültig ob privater oder staatlicher Prägung, extrem differieren. Bei uns sind Zulassungsbedingungen nicht nur bundeseinheitlich geregelt und einklagbar, sondern sie werden zudem noch – um sie von jedem Verdacht persönlicher Begünstigung freizuhalten – dem Computer überantwortet. Nichts gegen den Computer! Ich weiß ihn für meine wissenschaftliche Arbeit sehr wohl zu schätzen und möchte ihn auf keinen Fall missen. Wenn es allerdings um Bewertungen und Wichtungen geht, dann ist der Computer gerade so gut wie sein Programm! All die unwägbaren Details, die zu einer persönlichen Bewertung des Individuums beitragen, die man jedoch in keinem Programm erfassen kann, bleiben völlig unberücksichtigt.

Die Universität sollte die Freiheit haben, für jeden Fachbereich die ihr geeignet erscheinenden Studenten auszuwählen und dabei ihre eigenen Standards und Kriterien festzulegen, wie auch jeder Studierwillige die Möglichkeit haben sollte, sich dort zu bewerben, wo er die Fächer vorfindet, die optimal seinen Neigungen und Voraussetzungen entsprechen. Es sollte jedem Studienanfänger, der es wünscht und dies begründen kann, die Chance zu einem persönlichen

Interview gegeben werden. Parallel dazu muß es Bildungsanstalten geben, die gehalten sind, bei Erfüllung von Mindestvoraussetzungen jeden Lernwilligen ihres Einzugsgebietes aufzunehmen.

In dieser Weise funktioniert das amerikanische Universitätssystem. Die Präsidenten hervorragender Universitäten – beispielsweise von Harvard und Stanford – bemühen sich, die besten Studenten für ihre Hochschule zu gewinnen. Diese werden dann von einem wohldurchdachten Tutorialsystem durchs Studium geleitet. Obwohl Studiengebühren oft eine horrende Höhe erreichen, ist die finanzielle Lage der Bewerber nicht entscheidend für die Auswahl. Es gibt ausgezeichnete Stipendienprogramme. Für Stanford zum Beispiel gilt die Regel: „We do not check to see whether a student has applied for financial aid until after we have designated which applicants are to be offered admission." [12]) Andererseits gibt es Staatsuniversitäten, die auf dem „undergraduate" Niveau jeden Bewerber ihres Bundeslandes aufnehmen, der mindestens einen „C-Grad" in der „High School" erworben hat, so etwa die renommierte Pennsylvania State University.

Der zweite wesentliche Unterschied der amerikanischen zur deutschen Hochschulform betrifft die Professoren. Dort gibt es keinen akademischen Mittelbau. Entweder man qualifiziert sich als „assistant professor", oder man muß nach etwa 5 Jahren gehen. Selbst wenn man fest etabliert ist, muß man seine Leistung und seine Erfolge ständig unter Beweis stellen, sonst bekommt man keine „grants", keine Geldmittel für die Forschung, und man wird intensiver in Routineverpflichtungen eingespannt. Ein „peer-review-System" wird vom deutschen Professor schlichtweg als Zumutung empfunden. Chancengleichheit ist an den amerikanischen Universitäten durchaus gewährleistet. Gleichwohl sind die

Gehälter der Professoren leistungsbezogen und nicht gesetzlich einheitlich reglementiert.

Schließlich sind die Institute an den amerikanischen Universitäten generell anders strukturiert als an den meisten deutschen, wenngleich die Unterschiede sich mancherorts zu verwischen beginnen. Entscheidend am Department-System ist, daß der einzelne – der Forschung und Lehre verpflichtete – Professor von administrativen Aufgaben weitgehend abgeschirmt wird. Er muß natürlich selber für seine „grants" sorgen, und die Voraussetzung dafür sind gute Arbeiten, die von „referees" bewertet werden, alles in allem eine ganze Menge „red tape". Außerdem ist er verpflichtet, von den ihm bewilligten Geldern einen beträchtlichen Anteil als „overhead" an die Universität, die ihm Laboratorien, technische Einrichtungen und Personal zur Verfügung stellt, abzuführen. Allerdings braucht er nicht, wie sein deutscher Kollege, all die gesetzlichen Vorschriften zu kennen, all die bürokratischen Auflagen zu erfüllen, oder – wie Mössbauer [7]) es ausdrückt – einen beträchtlichen Teil seiner Zeit darauf zu verwenden herauszufinden, wie er all die Vorschriften, die seine Entscheidungsfreiheit als Forscher einengen, umgehen kann.

Demgemäß bietet die amerikanische Universität der Forschung einen größeren Freiraum als ihre deutsche Partnerin. Das drückt sich entsprechend in den Leistungen aus. Von den 235 in Physik, Chemie und Medizin zwischen 1945 und 1985 verteilten Nobelpreisen gingen über zehnmal so viel an US-amerikanische wie an bundesrepublikanische Wissenschaftler, die mit 16 Preisen auch weit hinter ihren britischen Kollegen zurückbleiben. Der Leistungsspiegel des „Science Citation Index" zeichnet ein ähnliches Bild.

Ich möchte hier nicht bloß schwarz-weiß malen. Im amerikanischen System gibt es ebenfalls Nachteile: ich denke an

den „publish or perrish"-Zwang, der es oftmals gerade jungen Talenten erschwert, sich in wissenschaftliches Neuland vorzuwagen. Ein amerikanischer Kollege, Paul von Raguè Schleyer, ein Chemiker, der kürzliche – von Princeton kommend – den Ruf an eine deutsche Universität (Erlangen) annahm, hat seine Eindrücke in folgende Worte gefaßt: [13])
„Ein zweiter wesentlicher Nachteil des deutschen Ausbildungssystems ist der Mangel an Selbständigkeit im Denken und in der Forschung. Initiative und intellektuelle Neugier werden nicht besonders gefördert. Vielmehr ist das Studium darauf ausgerichtet, Meister im Handwerk zu entwickeln. Deutsche Studenten sind trainiert, Probleme zu lösen, und ihre Ausbildung ist zweifellos ausgezeichnet. Jedoch wird nicht von ihnen erwartet, selbst Forschungsideen zu entwikkeln und zu beweisen. Sie haben nicht die Gewohnheit, die neueste Literatur zu kennen. Für sie ist es schwierig genug, ein Lehrbuch zu lesen oder eine Hausaufgabe auszuarbeiten. Man lernt eigentlich nur für ein Examen – und Examen werden nur selten gemacht . . . Man erwartet von amerikanischen Studenten, daß sie sich geistig mit dem beschäftigen, was sie studieren. Forschung sollte ein anregendes und ein aufregendes Erlebnis sein. Man treibt Wissenschaft, weil man von ihr begeistert ist, ja weil man ihr verfallen ist – wie so einer Art lebenslanger Liebesgeschichte. Wenn sie nur eine notwendige Arbeit ist, eine Art und Weise, seinen Lebensunterhalt in einer 40-Stunden-Woche zu verdienen, dann ist man kein wahrer Wissenschaftler."

Aus dieser Gegenüberstellung zweier Universitätsformen möchte ich nun vier Themenkomplexe ableiten, für die sich gezielt Vorschläge zur Verbesserung ergeben.

III.1. Die Strukturierung unserer Universitätslandschaft

Die Rahmenbedingungen für Forschung und Lehre können verbessert werden, wenn man wieder stärker zwischen dem mehr lehrbezogenen „undergraduate" und dem eher forschungsbezogenen „graduate" Niveau unterscheidet. Entsprechend sollten Lehrverpflichtungen nicht an gesetzlich verordneten Deputaten, sondern am Bedarf ausgerichtet werden. Die Forschung sollte punktuell gefördert werden, und zwar dort, wo Leistungen tatsächlich erbracht werden. Das Physik-Department an der Münchner technischen Universität in seiner ursprünglichen Konzeption liefert dafür ein gutes Beispiel. Es darf keinen allgemeinen Anspruch auf die Zuteilung von Forschungsmitteln geben, der nicht durch Erfolge gerechtfertigt ist. Auf diese Weise würden sich die Universitäten und die einzelnen Fachbereiche automatisch differenzieren. An manchen Stellen liegt das Schwergewicht bei der Vorbereitung auf die Berufspraxis, an anderen wiederum in der Forschung, ja es muß – wegen des Primats der Einheit von Forschung und Lehre – an vielen Universitäten „centers of excellence" in Forschung und Lehre geben. Diese sollten mit außeruniversitären Forschungseinrichtungen, etwa denen der Max-Planck- und Fraunhofer-Gesellschaft, oder mit privaten Stiftungen, ergänzt durch besonders einzurichtende Stiftungslehrstühle, zu Schwerpunkten zusammengefaßt werden. In dieser Form könnten sie vorteilhaft auf das Lehrprogramm der Universität zurückwirken. Ich bin mit vielen meiner Kollegen darin einig, daß die finanziellen und personellen Voraussetzungen für die Gründung privater Universitäten in der Bundesrepublik nicht erfüllbar sind. Umso mehr sollte daher von seiten der Länder und des Bundes der Anreiz gegeben werden, private Stiftungen in den Rahmen bestehender Universitäten zu integrieren und dort heimisch zu machen.

Alle großen Erfolge der Forschung sind bislang an Zentren erbracht worden. In Abb. 4 ist die Verteilung der Nobelpreise auf deutsche Universitätsstädte zu sehen. Die Bedeutung der Zentrenbildung, die ich bereits am Beispiel der Mathematik und Physik in Göttingen hervorgehoben habe, könnte nicht deutlicher illustriert werden. Ähnliches gilt für die englischen und amerikanischen Universitäten, wobei in England eine deutliche Massierung in London (Medizin), sowie in Cambridge und Oxford (Naturwissenschaften) zu beobachten ist. In den USA entfallen von den seit 1945 erteilten Nobelpreisen allein 17 auf Harvard, 9 auf Stanford, 8 auf Berkeley, 7 auf Pasadena, 6 auf Princeton und 6 auf Cornell.

Es ist keineswegs so, daß an deutschen Forschungsstätten heutzutage keine hervorragenden Leistungen erbracht würden, wenngleich seit den späten sechziger Jahren eine deutliche Stagnation zu verzeichnen ist. Hier werden als Gegenargument oft die beiden Nobel-Preise der letzten Jahre angeführt. Das ist allenfalls für den Physik-Preis an Klaus von Klitzing gerechtfertigt. Georges Köhler legte mit der „Entdeckung des Prinzips der Produktion der monoklonalen Antikörper" die Grundlage für seinen Medizin-Nobelpreis während eines Aufenthaltes am MRC-Institut in Cambridge/England. Obwohl diese Arbeit in der wissenschaftlichen Welt Furore machte, hat man sich zunächst keineswegs bemüht, Georges Köhler in die Bundesrepublik zurückzuholen. Er ging an das Basel Institut für Immunologie, eine Stiftung der Firma Hoffmann-La Roche. Erst als die Spatzen von den Dächern pfiffen, daß hier ein Nobelpreis bevorstand, begann man auch bei uns, sich für ihn zu interessieren. Die Tatsache, daß Georges Köhler nunmehr im

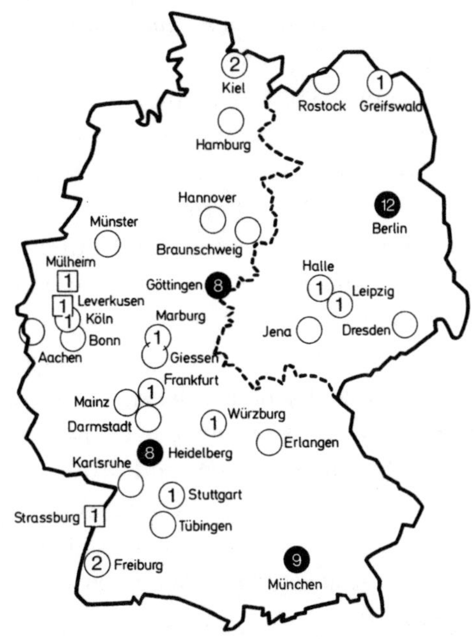

Abb. 4. Verteilung der an deutsche Naturwissenschaftler (Physik, Chemie und Medizin) verliehenen Nobelpreise von 1900 bis 1985 auf die angegebenen Universitätsstädte. Es wurde jeweils der Ort gewählt, an dem der Hauptanteil der durch den Preis ausgezeichneten Arbeit geleistet wurde. Nicht berücksichtigt wurden dementsprechend Arbeiten, die vollständig im Ausland ausgeführt wurden. (Siehe: M. Eigen (1985) Naturwissenschaftliche Rundschau 38: 355)

Feiburger Max-Planck-Institut arbeitet rechtfertigt keineswegs, diesen Preis für Deuschland zu verbuchen. Ähnliches gilt für die Physikpreise der beiden letzten Jahre. Ernst Ruska erbrachte die für den Preis wesentliche Leistung bereits in den dreißiger Jahren. Die Wirkungsstätte von Gerd Binnig und Georg Bednorz ist das IBM-Forschungslaboratorium in Zürich.

Es kommt darauf an, mit gezielten Förderungsmaßnahmen rechtzeitig und zeitgemäß zu reagieren. Das Leibniz-Programm der deutschen Forschungsgemeinschaft ist ein Schritt in der richtigen Richtung. Es ermöglicht uns, mit verlockenden Angeboten aus dem Ausland zu konkurrieren und exzellenten jungen Forschern angemessene Arbeitsbedingungen zu garantieren. Es sind damit durchaus die Voraussetzungen gegeben, daß in den nächsten Jahren wieder Nobelpreise an deutsche Forscher verliehen werden.

Sorge um die künftige Gestaltung der Hochschulatmosphäre machen mir die Sparpläne, die angesichts der Finanzmisere mancher Länder wohl unausweichlich sind. Es ist offensichtlich, daß Universitäten und Forschungseinrichtungen von Sparprogrammen nicht ausgeschlossen werden können. Doch darf man hier auf keinen Fall über einen Kamm scheren. Angesichts der seinerzeit erfolgten pauschalen Aufblähung ist das Konzept einer pauschalen Schrumpfung naheliegend. Die abnehmende Zahl der Studienanwärter scheint darüber hinaus eine Mittelkürzung zu rechtfertigen. Aber haben wir nicht inzwischen gelernt, welchen Schaden Pauschalmaßnahmen anrichten können? Es muß zu einer ausgewogenen Abstimmung zwischen Landesregierungen, Universitätsverwaltungen und der Gemeinschaft der Lehrenden und Lernenden kommen, damit der Abbau von Quantitäten in einen Aufbau von Qualitäten umgemünzt wird.

III.2. Strukturierung der Professorenschaft

Dieses Kapitel läßt sich relativ kurz abhandeln. Es gilt die lapidare Feststellung: Eine Universität ist so gut wie ihre Professoren. Der Effekt ist kooperativer Natur. Hat sich erst einmal genügend viel Mittelmaß ausgebreitet, dann wird schließlich bloß noch Mittelmaß nachberufen. Um so dringlicher wird es, qualitätsbezogene Regeln für die Besetzung von Lehrstühlen zu entwickeln. Berufungskommissionen sollten unbedingt auswärtige Mitglieder einbeziehen und internationale Gutachten einholen. Für jede Universität sollte ein wissenschaftlicher Beirat – möglichst mit internationaler Besetzung – existieren, der für die ständige Leistungs- und Erfolgskontrolle sorgt. Die Bemessung der Forschungsmittel sowie des Vorlesungsdeputats sollte sich nach den Bewertungen und Empfehlungen des Beirates richten. Gehälter müßten individuell ausgehandelt werden und sollten sich am internationalen Markt orientieren. Derzeit ist es äußerst problematisch, einen hochkarätigen Kollegen aus der Schweiz, geschweige denn aus den USA, für eine deutsche Universität oder gar ein Max-Planck-Institut zu gewinnen. Außerdem ist die Berufungspraxis selbst viel zu schwerfällig. Heiner Müller-Merbach[14]) zeigte in einem Artikel in der „Zeit", daß normalerweise nicht weniger als 26 Stufen in einem Berufungsverfahren durchlaufen werden müssen.

III.3. Die Strukturierung der Studentenschaft

Die Heranbildung einer Leistungselite an deutschen Hochschulen – eine andere Form von Elite gibt es heute nicht mehr – ist in Gefahr. (Ich sage das vor allem in meiner Eigenschaft als Präsident der Studienstiftung des deutschen Volkes.) Das hat eine ganze Reihe von Gründen. Zunächst einmal ist das Alter unserer Studenten ganz allgemein zu hoch. Schule und Wehrdienst verhindern einen frühen Studienbeginn. In den angelsächsischen Ländern ist der Schulabsolvent nicht älter als 18 Jahre und darf unmittelbar sein Studium antreten. Er kann, wenn er zügig studiert, mit 24 Jahren promoviert werden. Im europäischen Kernforschungszentrum CERN in Genf gehen die Postdoktorat-Stipendien vorzugsweise an britische Studenten, weil das auf drei Jahre gewährte Stipendium nicht über das dreißigste Lebensjahr hinaus vergeben wird. Diese Bedingung ist mit einem Physikstudium in Deuschland schwer zu erfüllen. Der Studienbeginn liegt zu spät, das Studium mit Diplom- und Doktorarbeit dauert zu lange. Ein anderes Problem ist, daß es im Studienverlauf keine Ausstiegsmöglichkeit mit Abschlußexamen gibt. Alle, die sich nicht intensiv der Forschung widmen möchten, könnten so früher ins Berufsleben eintreten.

Wie sieht es mit der Leistungselite unter den Studenten aus? Thomas Ellwein[4]) schreibt in einer Studie über die deutsche Universität – und ich muß gleich hinzufügen, daß es einer der ganz wenigen Sätze seiner ausgezeichneten Abhandlung ist, denen ich nicht zustimme – „Daß 25 Prozent eines Jahrganges dümmer sein müssen als 5 Prozent, ist nur eine dümmliche Behauptung." Er schränkt zwar ein, daß 25 Prozent nicht so studieren können wie 5 Prozent, weil in großen Massen die Rechte der Einzelnen nur durch eine stärkere Verrechtlichung gesichert werden können, was zu einer Einschränkung der Flexibilität führen muß.

Jedoch: Der Satz als solcher ist falsch, und zwar nicht erst als Konsequenz der stärkeren Verrechtlichung. Diese kommt allenfalls noch hinzu. Es geht in erster Linie ja nicht darum, ob jemand klug oder dumm ist. Ich unterstelle, daß Thomas Ellwein sich dessen bewußt ist und diese Formulierung einer schärferen Prononcierung wegen gewählt hat. Das ist legitim. Bei einem Studium geht es doch primär darum, ob man eine Begabung oder Veranlagung für das Fach, das man studieren will, mitbringt. Ein begabter Pianist lernt schneller, Klavier zu spielen, als ein unbegabter. In der Mathematik und Physik ist das kaum anders. Im Unterricht schreiten die Hochbegabten sehr viel schneller voran als die weniger Begabten. Die Verteilungskurve für bestimmte Begabungen, gemessen an einer großen Zahl von Individuen, ist mit Sicherheit nicht rechteckförmig, sie wird eher die Form einer Gauss'schen Glockenkurve besitzen. Dann ist es mathematisch evident, daß jede Untermenge, die nicht im Schwerpunkt der Verteilung, sondern an einem der Ränder lokalisiert ist, einen anderen Mittelwert aufweist als die Gesamtmenge. Die 5 Prozent Hochbegabungen sind im Mittel in ihrem Fach „klüger" (wenn man es so nennen will) als die 25 Prozent des Jahrganges, die sich in irgendeinem Fach ausbilden lassen. Reglementiert man diesen, im allgemeinen wesentlich weniger als 5 Prozent ausmachenden Anteil von Hochbegabungen außerdem durch Rechtsverordnungen, Studienregelzeiten, sowie ihrem Können nicht angemessene Lehrveranstaltungen, so behindert man sie. Im Musikstudium gibt es die individuell abgestufte Lehrveranstaltung, zum Beispiel in Form der Meisterklassen. Die Bildung von Talenten in den Naturwissenschaften – vor allem durch paritätisch besetzte Entscheidungsgremien – ist ein ernstes Problem. Ich halte Pauschalregelungen im Studium eher für unsozial, sowohl im Hinblick auf die weniger Begabten, die einem unfairen, weil nicht erfüllbaren, Leistungsdruck ausgesetzt sind, als auch für die höher Begabten, die in ihrer Entwicklung durch ein für sie zu niedriges Niveau der Lehrveranstaltung gebremst und entmutigt werden. Nur da, wo es um generell erlernbare Fertigkeiten geht, vermögen 25 mit 5 Prozent ausgewählter Studenten mitzuhalten. Karl Jaspers sagt hierzu in seiner Schrift:[2]) „Es ist die Frage, an welche Studenten sich der Universitätsunterricht wendet. Nur äußerlich an alle, seinem Sinne nach an die Besten. Das Ziel ist, daß die Besten aus der nachwachsenden Generation zu freier Entfaltung und Wirkung kommen.

Was für Menschen die Besten sein werden, ist jedoch nicht vorauszusehen; ein Typus kann nicht absichtlich gemacht oder bevorzugt werden, ohne vielleicht gerade die Besten zu zerstören: die Ernstesten, die von der Wahrheitsidee ursprünglich betroffen sind, denen Studieren, Lernen und Forschen weder bloße Beschäftigung noch lastende Arbeit ist, sondern die Lebensfrage, an dem Hervorbringen der Welt durch Wissen und durch Wahrheitsdienst mitwirken zu dürfen. Die Besten sind nicht ein Typus, sondern eine nicht übersehbare Mannigfaltigkeit schicksalsgetragener Persönlichkeiten, deren Wesen in dem Ergreifen einer Sache schließlich objektive Bedeutung gewinnt."

Sobald spezielle Begabungen erforderlich werden, muß es zu einer Auffächerung des *curriculums* kommen, damit die Begabten ihren eigenen Weg gehen können. Das ist natürlich, hat nichts mit einem „Werturteil" zu tun und führt auch nicht zu Ungerechtigkeiten. Es wäre höchst unsozial aus einem Recht auf Bildung – vor allem wenn es um bestimmte Fertigkeiten geht – eine Pflicht zur Hochleistung zu machen.

Entsprechend sollte man bei klarem Leistungsnachweis wie folgt verfahren:

- Die freie Wahl des Studienortes muß garantiert sein.
- Schul- und Studienzeiten sollten flexibel anpaßbar sein.
- Studienzentren mit kongenialer Atmosphäre sollten an allen forschungsintensiven Hochschulen eingerichtet werden.
- Auswahlentscheidungen dürfen nicht einer „Neidgenossenschaft" von Mittelmäßigen überlassen werden.
- Es darf keine Altersdiskriminierung geben. Allein die Leistung muß entscheiden.
- Die Einkommensverhältnisse des Elternhauses dürfen bei der Wahl des Studienplatzes keine Rolle spielen, müssen

aber bei einer sozial abgestuften Förderung berücksichtigt werden

Angesichts der an den Universitäten nunmehr zu erwartenden geburtenschwachen Jahrgänge sollte das gesamte Förderungskonzept neu überdacht werden. Von diesen Jahrgängen werden ja in Zukunft erhebliche Sozialleistungen erwartet.

Schließlich noch ein Wort zur Motivation der Studenten. Der von mir schon zitierte, an eine deutsche Universität berufene Chemiker Paul von Raguè Schleyer schrieb:[13]) „An den amerikanischen Universitäten sind die Labors und Bibliotheken nachts und an Wochenenden stets gleich gefüllt. Unser Institut hier degegen erinnert an Wochenenden oder abends eher an ein Mausoleum – man findet nichts als gähnende Leere. Die meisten Universitätsbibliotheken sind sogar offiziell geschlossen. Es herrscht überall eine 40-Stunden-Mentalität vor, die es in einer Universität nicht geben sollte."

Bei den meisten Studenten in der Bundesrepublik hat sich in der Tat diese 40-Stundenwoche-Mentalität eingebürgert. Viele unserer Diplomanden und Doktoranden fragen, warum der 17. Juni eigentlich ein Feiertag sei. Wenn man jedoch an diesem Tag ein Labor betritt, so ist es völlig verwaist. Warum soll man im Sommer nicht an einem schönen Tag einmal ins Freie gehen, ausspannen, wandern? Dazu könnte der 17. Juni gewiß dienen. Aber wenn es dann in Strömen regnet? Nein, Feiertag bleibt Feiertag? Ich betone, daß es Ausnahmen gibt, leider stellen sie eine Minorität dar.

III.4. Die Aufgaben der zukünftigen Universität

In meiner Rückbesinnung auf Humboldt hatte ich einen Punkt ausgeklammert, der möglicherweise mit dem Niedergang der deutschen Universität in den dreißiger und vierziger Jahren in engem Zusammenhang steht. Es handelt sich um Humboldts Konzept einer Einheit von „Forschung und Lehre in Einsamkeit". Es ist richtig, daß hervorragende Ideen nur in Einsamkeit, in einer totalen Abkehr von der Wirklichkeit, gedeihen. Es ist auch richtig, daß Wahrheitssuche keine Grenzen kennt. Karl Jaspers schreibt dazu: „Das Durchdrungensein von der Idee der Universität ist Element einer Weltanschauung: des Willens zu unbeschränktem Forschen und Suchen, zur grenzenlosen Entfaltung der Vernunft, zur Alloffenheit, zur Infragestellung von jedem was in der Welt vorkommen kann, ..." Beide Gesichtspunkte schließen eine Gefahr ein, die im 19. Jahrhundert nicht erkennbar war – solange „Grenzen der Menschheit" allein in der Poesie sichtbar wurden. Mit dem Sündenfall der Physik, Hiroshima und Nagasaki, wurden uns unsere Grenzen deutlich vor Augen geführt. An der deutschen Universität wird zwar die Wahrheit gesucht, doch wird sie zu wenig mit der Wirklichkeit konfrontiert. Die politisch-gesellschaftliche Abstinenz hat den Ideologien Tür und Tor geöffnet. Die Universität der Gegenwart ist lediglich scheinbar weltoffen. Auswirkungen der Wissenschaft müßten von dieser *ex cathedra* unter Anwendung der Kriterien der Wissenschaftlicheit, reflektiert werden und nicht erst über den Umweg von Parteien und Ideologien – also von außen her – sozusagen durch eine Hintertür wieder in die Universität hineingetragen werden. Die wissenschaftliche Reflexion erfordert Disziplin und Beherrschung, sonst leidet die Wahrheit. Sie darf vor keiner Frage zurückschrekken und muß daher zu politischen und gesellschaftlichen Modeströmungen argwöhnisch und kritisch Distanz halten.

Die politische Abstinenz der Universitäten hat die geistige Auseinandersetzung mit dem Nationalsozialismus zum rechten Zeitpunkt verhindert. Infolge dessen konnte diese Ideologie schließlich die Hochschulen überwuchern. Auch in der Universität unserer Tage überläßt man die Zeitkritik wieder vorzugsweise den Ideologen, die sich an unseren Universitäten tummeln und denen die Mehrheit der Studenten indifferent gegenübersteht. (Man betrachte einmal die Beteiligung an und entsprechend das Ergebnis von ASTA-Wahlen.)

Wir leben in einem Zeitalter der Verweigerung oder – wie es Odo Marquard[15]) formulierte – „der Wacht am nein". Die neue Unlust, oder „Die Lust am Untergang" (nach Watzlawik:[16]) „die Freude am Unglücklichsein") ist nicht das Ergebnis kritischer Reflexion, wie sie einer Wahrheitssuche angemessen wäre. Die Gefahr besteht daß irgendwann ein „Bildersturm" auf die Wissenschaft einsetzen wird, der die Universität erneut zerstört. Man übernimmt Parolen, man verdammt, ohne im geringsten darüber nachzudenken, wie der Mensch mit der zweiten großen, globalen Herausforderung der Evolution fertig werden kann. Von einer ersten Herausforderung der Evolution, die die Entstehung des Menschen schließlich möglich machte, habe ich gesprochen. Nun ist es der Mensch, der die Vorräte der Natur erschöpft. Die Abfallprodukte erscheinen als Schadstoffe in der Atmosphäre. Das geschieht unausweichlich – wenngleich schleichend – ähnlich wie die Akkumulation des Sauerstoffs in der Atmosphäre vor 2 bis 3 Milliarden Jahren. Wichtige Rohstoffe werden sicherlich in nicht zu ferner Zukunft, im Kreislauf geführt werden müssen. Ein solcher Kreislauf, wie auch die Reinhaltung der Umwelt, erfordern Energie, und wir müssen uns Gedanken darüber machen, auf welche Weise wir die sich erschöpfenden Quellen ersetzen können. Viele Fragen dieser und ähnlicher Art lassen sich nicht mit Parolen beantworten. Aber werden sie an den

Universitäten ernsthaft – das heißt im Sinne wirklicher Wahrheitssuche – diskutiert? Die Naturwissenschaften sind hierbei gefordert, ebenso wie die Geisteswissenschaften, denn es geht um die Rückwirkung der Erkenntnis auf den Menschen. Es geht um zehn Milliarden Menschen, deren Existenz wir bereits in der nächsten Generation gefährden, wenn wir unbedenklich fortfahren, die Natur zu erschöpfen, deren Existenz wir aber ebenso aufs Spiel setzen, wenn wir resignieren, wenn wir ausschließlich kritisieren, ohne auf Abhilfe zu sinnen, wenn wir die Suche nach Erkenntnis bechränken. Die negativen Folgen unserer Erkenntnis lassen sich allein durch tiefere, bessere Einsichten, durch mehr, nicht durch weniger Wissen bewältigen. Erst auf der Grundlage von Wissen können wir entscheiden, was wir tun dürfen und was wir lassen müssen.

Hier sehe ich die Zukunftsaufgaben einer modernen *universitas*. Die Universität sollte derart beschaffen sein, daß jede freiheitlich demokratisch eingestellte Regierungs- oder Oppositionspartei sie akzeptieren und sich mit ihr identifizieren kann, ohne sich ständig bemüßigt zu fühlen, in ihre Struktur einzugreifen und sie damit zum Spielball des Parteienstreits – notwendige Begleiterscheinng des parlamentarischen Alltags – werden zu lassen. Diese Universität sollte jeder monochromatischen Ideologie – sei sie braun, schwarz, rot, grün, oder mit welcher Farbe im Spektrum der Weltanschauungen sie sich auch immer identifiziert – eine klare Absage erteilen. Die Wahrheit kann nicht im Extrem liegen. Doch darf die neue Universität sich nicht abkapseln, sie muß nach außen wirken und weltoffen sein. Karl Jaspers hat das so formuliert: „Politik gehört an die Universität nicht als Kampf, sondern nur als Gegenstand der Forschung. Wo politischer Kampf an der Universität stattfindet, leidet die Idee der Universität Schaden. Daß das Dasein und die äußere Gestalt der Hochschule von politischen Entscheidungen abhängig sind und auf dem verläßlichen Staatswillen beruhen, bedeutet, daß innerhalb der Hochschule – diesem durch den Staatswillen freigegebenen Raum – nicht der praktische Kampf, nicht politische Propaganda, sondern allein das ursprüngliche Wahrheitssuchen seinen Ort hat."

Anmerkungen

1) Horaz (Quintus Horatius Flaccus); „Ars poetica", 276, in: Buch II der „Episteln".

2) K. Jaspers; „Die Idee der Universität", in: Schriften der Universität Heidelberg, Heft 1, Springer, Berlin, 1945.

3) C. Kerr; „The Use of the University", Harvard University Press, Cambridge, Mass., 1963.

4) Th. Ellwein; „Die deutsche Universität: vom Mittelalter bis zur Gegenwart", Athenäum, Königstein Taunus, 1985.

5) W.v. Humboldt; „Über die innere und äußere Organisation der höheren Lehranstalten in Berlin", Entwurf einer Denkschrift (gedruckt 1896).

6) S. Müller; „William von Humboldt and the University in the United States"; Johns Hopkins APL Technical Digest., Vol. 6 (1985), 253.

7) R. L. Mössbauer; „Universität im Umbruch"; S. 285, in: „Zeugen des Wissens" (Herausgegeben von H. Maier-Leibnitz), v. Hase u. Koehler, Mainz, 1986.

8) Der während einer Studentendemonstration auf Spruchbändern verkündete Slogan lautete: „Unter den Talaren der Muff von tausend Jahren". M. Gräfin Dönhoff hat sich damit in einem Artikel unter der Überschrift: „Rebellion der Romantiker – Unruhe an den Universitäten – Vage Visionen sind kein Ersatz für konkrete Ziele" kritisch auseinandergesetzt! Die Zeit, No. 1, 5. 1. 1968.

9) W. Rüegg; „Konkurrenz der Kopfarbeiter", Edition Interfrom, Zürich, 1985.

[10]) G. Picht; „Die deutsche Bildungskatastrophe", Olten, Freiburg/Breisgau, 1964.

[11]) „Empfehlungen des Wissenschaftsrates zum Ausbau der wissenschaftlichen Einrichtungen, Teil I: Wissenschaftliche Hochschulen", vorgelegt im November 1960, Bundesdruckerei, Bonn 1960.

[12]) Stanford University, Bulletin 1982, S. 136.

[13]) P. von Raguè Schleyer; „Vor- und Nachteile des Studiums der Chemie in Erlangen", in: Zeitschrift der Friedrich Alexander Universität Erlangen-Nürnberg, 5; Dezember 1979, S. 17.

[14]) H. Müller-Merbach; „Das große Lehrstuhl ABC", in: „Die Zeit" Nr. 20, Mai 1977.

[15]) O. Marquard; „Einheit und Vielheit. Ein philosophischer Beitrag zur Analyse der modernen Welt", Mitteilungen des Stifterverbandes, S. 10, Mai 1986.

[16]) P. Watzlawik; „Anleitung zum Unglücklichsein". Piper, München, 1983.

Die Universität im Geltungswandel der Wissenschaft

Hermann Lübbe

Dreierlei möchte ich im folgenden tun. Ich möchte zunächst den Geltungswandel, dem die Wissenschaften in der modernen Kultur unterliegen, vergegenwärtigen. Sodann möchte ich zu zeigen suchen, wie insbesondere die Universitäten zu diesem Geltungswandel beigetragen haben und wie sie zugleich von ihm betroffen sind. Schließlich wird von einigen kulturpolitischen, näherhin wissenschafts- und hochschulpolitischen Folgerungen die Rede sein, die sich aus den vorhergehenden Analysen ableiten lassen.

Bei der Suche nach den Gründen für Änderungen in der kulturellen Stellung der Wissenschaften darf man, zunächst, auch einige äußere, insbesondere materielle, näherhin finanzielle Gründe nicht außer acht lassen. Der materielle und personelle Aufwand, den uns die Zwecke der Wissenschaft abverlangen, war nie größer als heute. Die Historiker unter den Wissenschaftsstatistikern wollen wissen, daß die Menge der gegenwärtig lebenden Wissenschaftler größer sei als die Menge aller Wissenschaftler, die jemals zuvor gelebt haben. Dem entspricht, daß die absoluten Dimensionen gegenwärtiger Wissenschaftshaushalte historisch beispiellos sind. Aber auch der relative Anteil der Kosten, die heute nötig sind, um der Wissenschaftspraxis ihre materielle Basis zu verschaffen, überbietet jeden historischen Vergleich, und er wächst immer noch.

In der Bundesrepublik Deutschland sind es inzwischen 2,7 % des Bruttoinlandsprodukts, die den Zwecken der Forschung und Entwicklung zufließen. Mit diesem Anteil liegt Deutschland wissenschaftspolitisch im internationalen Vergleich mit einigen wenigen anderen Ländern ganz vorn. Das bedeutet: Mängel an Mitteln, die hier und da schmerzhaft verspürt werden, haben, gesamthaft gesehen, ihren Grund nicht so sehr in der Zahlungsunbereitschaft der Finanzminister, der haushaltsbeschließenden Parlamente oder der steuerzahlenden Bürger; eher haben sie ihren Grund in mangelnder Rationalität des Verteilungssystems.

Die historisch beispiellosen Aufwendungen für die Wissenschaften demonstrieren natürlich den Wert dieser Wissenschaften. Aber das ist, was unser kulturelles Verhältnis zu den Wissenschaften anbelangt, nur die eine Seite der Sache. Kosten, deren Anstieg in Relation zum Anstieg anderer Kosten disproportional rasch verläuft, werden zwangsläufig zum Objekt einer disproportional anwachsenden öffentlichen Aufmerksamkeit, und die schlichte Konsequenz dieses Vorgangs ist eine rasche Erhöhung des Rechtfertigungsdrucks, dem sich die mittelverbrauchenden individuellen und institutionellen Subjekte von Forschung und Entwicklung heute ausgesetzt finden. Unter dem Druck dieses plausiblen und unabweisbaren Rechtfertigungszwangs verschieben sich die Gewichte der beiden wichtigsten Legitimationsprinzipien, die die Wissenschaft kulturell und politisch öffentlich anerkannt sein lassen. Es handelt sich um die Prinzipien der Curiositas einerseits und der Relevanz andererseits. Curiositas – das ist das Prinzip der Berufung auf das humane Recht der freien Betätigung theoretischer Neugier. Mit dem ersten Satz seiner so genannten Metaphysik hat Aristoteles diesem Prinzip seine meistzitierte klassische Ausformulierung verschafft, und vor dem Hauptportal der Albert-Ludwigs-Universität zu Freiburg im Breisgau, zum Beispiel, findet man diese Formulierung in Bronze gegossen. – Das zweite kulturelle und politische Rechtfertigungsprinzip wissenschaftlichen Tuns ist die uns inzwischen geläufigere „Relevanz" – der elementare oder auch höhere Nutzen, den die Wissenschaft mit sich bringt und den wir ihr dann auch abverlangen.

Für gewisse Verschiebungen im relativen Gewicht dieser beiden Legitimationsprinzipien gibt es ein feines, aber sehr deutliches und unüberhörbares Signal, nämlich die Selbstverständlichkeit, mit der selbst unsere Grundlagenforscher sich bei ihren Mittelanforderungen auf den potentiellen Nutzen ihrer Projekte berufen. Diese Berufung erfolgt übrigens durchaus zu Recht. Um so mehr zeigt sie an: Relevanz ist das kulturell und politisch durchschlagende Argument, während man der Berufung aufs Recht kostenträchtiger Betätigung theoretischer Neugier diese Durchschlagskraft kaum noch zutraut.

Das Bild der kostenbedingt sich verändernden Stellung der Wissenschaften in unserer öffentlichen Kultur ließe sich noch verfeinern – insbesondere durch Feinanalysen von Forschungsprozessen, in denen, zumindest derzeit, der materielle und personelle Aufwand sehr viel rascher als der Ertrag zu wachsen scheint. Soweit das der Fall ist, stellt sich die Frage: Wird uns das zusätzlich zu erwartende Wissen eigentlich um dasselbe Vielfache immer teurer als es uns kommt? Soweit das nicht in evidenter Weise der Fall ist, unterliegt alsdann der Forschungsprozeß dem Gesetz abnehmenden Grenznutzens. Es dürfte sich lohnen, unter diesem Aspekt die Veränderungen unseres kulturellen und politischen Verhältnisses zur Forschung am Beispiel der sogenannten Großforschung zu analysieren, am Beispiel also der Milliardeninvestitionen, die heute für die Forschungsmaschinen der Kernphysik, in geringerem Umfang auch der Radioastronomie getätigt sein wollen. Aber auch in den historischen Kulturwissenschaften gibt es strukturell analoge, wenn natürlich auch in ihren absoluten Dimensionen ungleich bescheidenere Phänomene – die historisch-kritischen Klassikereditionen zum Beispiel, deren Perfektionsansprüche heute unzweifelhaft die Kosten rascher als den Forschungsnutzen dieser Perfektion in die Höhe treiben. Allein in der Philosophie liegen heute die Dinge so, daß man das Gesamtgewicht der zu erwartenden Bände deutschsprachiger Klassiker-Editionen bereits zweckmäßigerweise in Tonnen angeben sollte, und für ihren Ankauf wäre weitaus mehr als das Jahresgehalt eines gutbezahlten Professors erforderlich. – Man darf unterstellen, daß auch in solchen Zusammenhängen Forschungskosten, die gesamthaft unter dem erwähnten Gesetz abnehmenden Grenznutzens zu stehen scheinen, sich im Detail in ihrer Nötigkeit sehr wohl begründen lassen. Nichtsdestoweniger bewirken sie eine Sensibilisierung des Kostenbewußtseins –: Es mindert die kulturelle Selbstverständlichkeitsanmutung unserer Wissenschaftspraxis.

Aber Erfahrungen eines abnehmenden Grenznutzens des Forschungsprozesses machen wir gegenwärtig nicht allein über disproportional rasch wachsende Kosten, die sich in Geld ausdrücken lassen. Es gibt Folgelasten des Prozesses der Verwissenschaftlichung unserer Zivilisation, die rascher als der evidente, erläuterungsunbedürftige Nutzen dieser Verwissenschaftlichung zu wachsen scheinen. Zwei dieser Folgelasten, die inzwischen bis in die individuelle Lebenserfahrung der Angehörigen unserer Kulturgenossenschaft durchschlagen, möchte ich auch an dieser Stelle in aller Kürze skizzieren. Ich lasse die ökologischen Folgen des Zivilisationsprozesses dabei gänzlich unerwähnt; sie sind jedem Medienkonsumenten inzwischen vertraut, und dann und wann erfahren wir ja die prekären ökologischen Konsequenzen des Zivilisationsprozesses bis hinein in unsere sinnliche Existenz. Die Folgelasten des Fortschritts, die ich, statt dessen, erwähnen möchte, wirken subtiler. Nichtsdestoweniger gehen sie unter die Haut. Worum handelt es sich?

Erstens belastet uns der Verwissenschaftlichungsprozeß mit Erfahrungsverlusten. Das bedeutet: Der Umkreis der physischen und sozialen Bedingungen unserer Existenz, von denen wir real abhängig sind, erstreckt sich in der modernen Zivilisation immer weiter hinaus über den Umkreis derjenigen Lebensbedingungen, die wir unserer lebenserfahrungsgesättigten individuellen Urteilskraft unterworfen halten können. Nie zuvor, so ließe sich das ohne jede dramatisierende Absicht sagen, hat eine Zivilisationsgenossenschaft ihre Lebensbedingungen weniger als heute verstanden. Zwar sind wir alle Fachleute, aber doch auf einem anderen Gebiet als der Fachmann, der neben uns sitzt. In einer solchen Zivilisation relativ rückläufiger Reichweite individueller Urteilsautarkie läßt sich nur leben im Medium des Vertrauens. „Vertrauen" –: dieses Wort ist hierbei ohne jede moralische Emphase gebraucht. Gemeint ist das Vertrauen in der schlichten Bedeutung des Vertrauens in die Solidität der Leistung jener Fachleute, auf die wir angewiesen sind, ohne daß wir zu den Voraussetzungen ihrer Leistungen einen eigenen, erfahrungsbegründeten Zugang hätten.

Wenn das richtig und einsichtig ist, so vermag man zu ermessen, was es für die Zukunftsfähigkeit einer wissenschaftlichen Zivilisation bedeuten müßte, wenn der Vertrauenskitt, der diese Zivilisation sozial zusammenbindet, brüchig würde. Eben das geschieht aber hier und da – spektakulär zum Beispiel bei jenen Anhörungen, wie sie heute unsere Regierungen, auch Parlamente veranstalten, und bei denen dann, etwa in der Kernenergiepolitik, immer wieder einmal Fachleute des ersten Geltungsranges bis hin zu Anzeichen moralischer Erbitterung einander widersprechen. Es ist keine irrationale, vielmehr eine höchst normale Reaktion, wenn daraufhin der Laie sich in emotionale Distanz begibt, Zustimmung verweigert und „Nein" sagt. In politischen Systemen, die, anders als die Bundesrepublik Deutschland, nicht nur Wahlen, vielmehr darüber hinaus auch in reicher Zahl Abstimmungen zu Sachvorlagen kennen, kann man den Anstieg der Neigung, „Nein" zu sagen, vermessen. Die Erklärung für diesen Bestand kann ersichtlich nicht sein, daß die technische und praktische Qualität der Abstimmungsvorlagen abnähme. Plausibler ist es zu vermuten, daß die Komplexität der zur Abstimmung gestellten Projekte im modernen Lebenszusammenhang der wissenschaftlichen Zivilisation auf einen Grad anwächst, der nicht mehr commonsense-fähig ist. Die wachsende Anzahl von Nein-Ausgängen ist die Folge. Das einschlägige Nein ist alsdann nicht das Nein der begründeten Ablehung. Es ist das Nein der Urteilsenthaltung – das Moratoriums-Nein, wie wir es nennen könnten.

Eine zweite Belastungsnebenfolge der Verwissenschaftlichung unserer Zivilisation betrifft unser Verhältnis zur Zeit. In Abhängigkeit vom Fortschritt der Wissenschaften, der technologischen Umsetzung ihrer Theorien und der wirtschaftlichen Nutzung dessen ändern sich die Strukturen unserer Lebenswelt mit historisch beispielloser Geschwindigkeit. Die Konsequenz ist, daß die Anzahl der Jahre fortschreitend geringer wird, über die zurückzublicken bedeutet, in eine partiell bereits fremd gewordene Welt zu blicken. Dieser Prozeß, über den Vergangenheit der Gegenwart chronologisch immer näher rückt, verhält sich symmetrisch zu jenem Prozeß, der beim Blick in die Zukunft die Zahl der Jahre fortschreitend verringert, jenseits derer wir mit einer in wesentlichen Lebenshinsichten unbekannten Zukunft zu rechnen haben. Kurz: In dynamischen Zivilisationen schrumpft die Gegenwart, das heißt die Zahl der Jahre wird immer geringer, für die wir in wesentlichen Hinsichten mit einer Konstanz der Strukturen unserer Lebenswelt rechnen dürfen. Für unser Zukunftsverhältnis bedeutet das den Zwang zur Prognose und zur Planung. Im Verhältnis zur Vergangenheit bedeutet das die Provokation zu Anstrengungen, sich die immer rascher fremd werdende eigene Vergangenheit als eigene Vergangenheit aneignungsfähig zu halten. Das bedeutet: Unter Fortschrittsbedingungen blüht die Kultur des historischen Bewußtseins. Das historische Bewußtsein erfüllt mit seinen wissenschaftlichen und sonstigen kulturellen Leistungen Funktionen der Kompensation eines änderungstempobedingten Vertrautheitsschwundes. Man erkennt, daß die historischen Kulturwissenschaften im Verhältnis zu den Natur- und Technikwissenschaften nicht ein Relikt älterer Wissenschaftsepochen sind, vielmehr im genauen Gegenteil, modernitätsspezifisch, die wissenschaftskulturelle Antwort auf die veränderten Temporalitätsbedingungen unserer Kultur unter den Wirkungen der Verwissenschaftlichung und Technisierung darstellen.

Wie dieses wissenschaftsabhängig sich verändernde Verhältnis zur Zeit belastend wirkt, läßt sich natürlich nicht zuletzt an den Extremerscheinungen sich ausbreitender Alternativkulturen, randgruppenhaften Aussteigertums, moderater auch an den Formen der Rekultivierung einfachen Lebens ablesen, wie sie genau mit dem Beginn des kulturellen Modernisierungsprozesses kulturspezifisch geworden sind. Man sollte übrigens die Beschreibung dieses funktionalen Zusammenhangs von kulturkritischen Obertönen frei halten. Im Regelfall gelingen uns ja die Kompensationen der Belastungsfolgen des Fortschritts sehr wohl und auch die symptomatischen Alternativkulturen wirken im Regelfall nicht destruktiv, vielmehr produktiv; sie repräsentieren Erprobungsversuche von Lebensformen größerer Resistenz gegen die destruktiven Folgen von Modernisierungsprozessen. So oder so vergrößern sie die emotionale Distanz, in die wir über die Belastungsfolgen der Verwissenschaftlichung und Technisierung zur Moderne geraten.

Als letztinstanzlichen Grund kultureller Geltungsverluste der Wissenschaften möchte ich die fortschreitende kulturelle Irrelevanz wissenschaftlicher Weltbilder anführen. Diese fortschreitende Irrelevanz beruht nicht allein auf dem Umstand, daß es mit dem Vordringen der Wissenschaften in die Dimensionen des sehr Großen, des sehr Kleinen und des sehr Komplizierten immer schwieriger wird, die jeweiligen Ergebnisse unserer Forschungspraxis zu gemeinverständlichen wissenschaftlichen Weltbildern zu synthetisieren. Sie beruht vielmehr darauf, daß nach vollendeter Aufklärung nicht mehr aussagbar ist, welchen kulturellen Unterschied es eigentlich ausmachen soll, ob der Fall ist, was wir noch gestern in den einschlägigen Wissenschaften annahmen, ober ob bereits gilt, was uns statt dessen heute über die Welt, in der wir leben, mitgeteilt wird. Der Aufklärungsprozeß läßt sich, insoweit, als ein Prozeß charakterisieren, in welchem die Verfahren der Feststellung dessen, was der Fall ist, Geltungsdominanz über die jeweiligen Inhalte solcher Feststellung gewinnen. Wie tief fand sich noch die offizielle Kultur duch die Zumutung der Kopernikanischen Weltbildrevolution berührt! Bis auf die justizielle Ebene hinab hatte diese Zumutung bekanntlich Folgen. Wie schwach war, demgegenüber, in Widerspruch oder auch Zustimmung die Aufregung, die Darwin auslöste. Es war doch im wesentlichen nur noch der Blätterwald, in welchem der Sturm der Entrüstung tobte. Gewiß: Als bei der britischen Naturforscherversammlung 1860 Huxley, der Freund Darwins, über dessen Theorie berichtete, fand sich die anwesende Frau des Bischofs von Worcester veranlaßt, Gott zu bitten, daß diese Unerhörtheit nicht wahr sein möge, und, wenn sie es dennoch sei, sie gemeinkulturell unbekannt bleiben möge. Und noch im Jahre 1883 debattierten im preußischen Abgeordnetenhaus die Vertreter der parteilichen und weltanschaulichen Lager von den Liberalen bis zu den Angehörigen des Zentrums zwei Tage lang über die Provokation, die es bedeute, daß einer der wichtigsten Repräsentanten des Wissenschaftslebens in Preußen und im Reich, nämlich der Berliner Universitätsrektor und Akademie-Sekretar Du Bois-Reymond, sich öffentlich zum Darwinismus bekannt habe. An der vollständigen Unmöglichkeit, sich vorzustellen, daß gegenwärtig noch in irgendeinem Parlament in liberal verfaßten politischen Systemen auch nur eine Stunde lang über wissenschaftliche Theorien ihres puren kognitiven Gehaltes wegen diskutiert werden könnte, kann man ermessen, was sich seither geändert hat: Wir lassen uns inzwischen jede beliebige Weltbildrevolution ohne erkennbare Bewegtheit gefallen. Karl Popper hat verschiedentlich dargetan, daß, auf der kognitiven Ebene betrachtet, der Grad der Änderung des Bildes der Welt, in der wir leben, der uns durch heutige wissenschaftliche Fortschritte zugemutet wird, eher noch größer sei als in den zitierten herausragenden historischen Wissenschaftsrevolutionen. Nichtsdestoweniger lassen wir uns heute jede Weltbildrevolution unberührt gefallen –: Es läßt sich nicht mehr sagen, welchen Unterschied es eigentlich ausmachen soll, ob das Alter der Welt, statt seiner biblischen guten fünftausend Jahre, sechs Milliarden Jahre beträgt oder statt dessen das Dreifache gar.

Wie kommt es zu dieser Vergleichgültigung wissenschaftlicher Weltbilder? Ich wiederhole, daß man sich diesen Bestand nicht allein über die anwachsenden Schwierigkeiten verständlich machen kann, Wissenschaft zu popularisieren. Der entscheidende Grund scheint mir zu sein, daß wir inzwischen gelernt haben, den wissenschaftlichen Fortschritt von unserer religiösen Wirklichkeitsorientierung abzukoppeln. Das bedeutet: Die Wissenschaften haben, sozusagen, ihre Häresiefähigkeit verloren, und eben diese von Odo Marquard so genannte Häresiefähigkeit war es, an denen einst der Zumutungscharakter wissenschaftlicher Weltbildrevolutionen hing.

Zur Vergenwärtigung dessen, was sich wissenschaftskulturell seither gewandelt hat, erinnere ich abschließend an die Aufregung, die der eben schon erwähnte weltberühmte Du Bois-Reymond mit seinem meistzitierten Ausspruch „Ignoramus, ignorabimus" in der wissenschaftlichen Welt, nämlich in den siebziger Jahren des 19. Jahrhunderts, auszulösen vermochte. Es kommt hier gar nicht darauf an zu wissen, worauf sich eigentlich die These du Bois Reymonds bezog. Ihre Wirkung war Empörung aufklärungsgewisser Wissenschaftler, die Obskurantismus, Verweigerung weiteren wissenschaftlichen Fortschritts, willkürliche Setzung von Grenzen des Erkenntnisstrebens witterten. Statt dessen beschworen sie pathetisch das eingangs erwähnte humane Urrecht freier Betätigung wissenschaftlicher Neugier und der Unabschließbarkeit dieser Betätigung. „Impavidi progrediamur" proklamierte Ernst Haeckel in Jena wider den Du Bois-Reymondschen vermeintlichen Curiositätsdefätismus. Ein später Reflex dessen ist noch die Kuriosität, daß David Hilbert, der 1943 starb, es für erforderlich hielt, in Stein gemeißelt, nämlich auf seinem Grabstein auf dem Göttinger Stadtfriedhof, seiner Nachwelt zu übermitteln für nötig hielt: „Wir müssen wissen, wir werden wissen". An der Unmöglichkeit, eine befriedigende Antwort auf die Frage zu finden, welche Frage es denn eigentlich gewesen sein könnte, auf die eine Antwort zu finden Hilbert von Todes wegen für zwingend erklärte, kann man die kulturelle Vergleichgültigung des Wissenschaftsfortschritts ermessen, die sich zur unveränderten fortschreitenden Bedeutung der Wissenschaften unter Relevanzgesichtspunkten genau komplementär verhält. Über der bereits erwähnten Freiburger Universität steht in goldenen Lettern geschrieben: „Die Wahrheit wird Euch frei machen". Keinem Universitätsarchitekten stünde eine solche wissenschaftskulturelle Transformation des Johannes-Evangeliums heute noch kulturell zur Verfügung.

Meiner Ankündigung entsprechend habe ich jetzt, nach der Skizze zum kulturellen Geltungswandel moderner Wissenschaft, mit einigen Hinweisen zu zeigen, wodurch speziell auch die Universitäten in eine wissenschaftskulturell bedrängte Lage geraten sind. Speziell für die jüngste deutsche Geschichte der Hochschulpolitik gilt, daß sie uns Folgelasten eines überzogenen Entwicklungstempos eingebracht hat. Jeder Betriebswirt weiß doch, daß das maximale Entwicklungstempo eines Systems mit dem Optimum nicht identisch ist. In der deutschen Hochschulpolitik ist diese schlichte Einsicht gröblich mißachtet worden. Gewiß: Ende der fünfziger Jahre hatte das deutsche Hochschulsystem im Vergleich mit den analogen Systemen des Auslands einen erheblichen Nachholbedarf zu verzeichnen. Die Gründung des Wissenschaftsrats, seine frühen, besonders wirkungsreich gewesenen Empfehlungen zum personellen und materiellen Ausbau der Hochschulen, die Gründung neuer Universitäten und die entsprechende Expansion der Wissenschaftshaushalte war damals die produktive Antwort auf die

Herausforderung unverkennbarer Entwicklungsmängel im deutschen Hochschulsystem. Auch an dieser Stelle möchte ich nicht versäumen, einen universitätshistorischen jungen Mythos zu kritisieren, der zumal in der Publizistik, aber auch in der Politik, bis heute seine Gläubigen hat. Dieser Mythos will wissen, daß erst der kulturrevolutionär wirkende Studentenprotest auf Entwicklungsmängel des deutschen Hochschulsystems mit den bekannten spektakulären Mitteln aufmerksam gemacht habe und die Reformpolitik damit erzwungen und eingeleitet hat. In Wahrheit liegen die Dinge historisch so, daß die exemplarisch erwähnten Aktivitäten des Wissenschaftsrats, die Gründung neuer Universitäten einschließlich struktureller Reformen zehn bis fünf Jahre älter als der Studentenprotest im letzten Drittel der sechziger Jahre sind. Das bedeutet: Nicht stagniernde Verhältnisse haben die akademische Kulturrevolution ausgelöst. Vielmehr hat diese ihren historischen Ort im Kontext längst in Bewegung geratener Dinge.

Nichtsdestoweniger waren die hochschulpolitischen Folgen der akademischen Kulturrevolution überwiegend negativer Art. Insbesondere haben sie die Wirkung gehabt, die verantwortlichen Instanzen der Verwaltung und der Politik beflissen zu machen, Wünsche zu rasch zu bedienen und damit die damals gegenwärtige Generation junger Wissenschaftler auf Kosten nachfolgender Generationen junger Wissenschaftsbeflissener zu begünstigen. Jeder gestandene Verwaltungsmann weiß, daß man unter Voraussetzungen expandierender Stellenhaushalte dafür sorgen muß, den Altersaufbau des Personals kontinuitätsbruchfrei zu halten. In der Hochschulpolitik hingegen belasten die Massenbeförderungsschübe zumal zu Beginn der siebziger Jahre die Karrierechancen des Nachwuchses von heute bekanntlich beträchtlich. Rückblickend läßt sich sagen: Es handelte sich hier um einen Akt der Selbstbedienung einer Generation auf Kosten der Nachfolgegeneration. Das wirkt nach. Es schwächt das Selbstgefühl eines Berufsstandes, der seine Arbeit in einer Institution zu tun hat, die sich in einem im Rückblick verblüffenden Ausmaß zur Verantwortung gegenüber den Nachfolgenden unfähig erwiesen hat.

Geltungsschäden haben die Hochschulen überdies auch durch gewisse soziale Folgen der Massenakademisierung erlitten. Gewiß: Auch der Anteil der Studierenden lag in der Bundesrepublik Deutschland Ende der fünfziger Jahre im internationalen Vergleich aufholbedürftig niedrig. Nichtsdestoweniger sind bei den Bemühungen, hier aufzuholen, elementare Grundsätze sozialer Gerechtigkeit verletzt worden. Um das zu erkennen, genügt es, die Umverteilungsfolgen der Massenakademisierung ins Auge zu fassen. Diese Massenakademisierung begünstigte ja einen rasch wachsenden Bevölkerungsteil mit der Annehmlichkeit der Akademikergehälter – sagen wir mit dem Eingangsgehalt nach A 13. Das ist es ja, was wir wollten – so sagen bis heute nicht wenige derer, die mit der Forderung der Chancengleichheit, die in der Tat unwidersprechlich ist, Masseneinkommensumverteilung mit bildungspolitischen Mitteln betrieben. So weit, so gut. Die Kehrseite erblickt man, wenn man sich fragt, zu wessen Lasten diese umverteilungspolitische Begünstigung des rasch wachsenden akademisierten Bevölkerungsteils ging. Er ging natürlich zu relativen Lasten des weitaus größeren, abitur- und diplomlos verbliebenen Bevölkerungsteils. Entsprechend darf man auf den Tag gespannt sein, an welchem die von der Gewerkschaft Erziehung und Wissenschaft verschiedenen Gewerkschaften bemerkt haben werden, daß die mit bildungspolitischen Mitteln betriebene Einkommensumverteilung keineswegs eo ipso im Interesse ihrer Klientel gelegen war. Zumindest läßt sich sagen, daß die Bevölkerungsmehrheit die skizzierten sozialpolitischen Konsequenzen der Massenakademisierung nur dann auch weiterhin als gerechtfertigt anerkennen kann, wenn die sozialen Vorzüge, die immer noch und zumal in Deutschland mit der Inhaberschaft akademischer Abschlußzeugnisse verbunden sind, an nach unbeschädigten Standards erbrachten Leistungen geknüpft bleiben. Eben das ist nachweislich nicht immer beachtet worden, und so weit das der Fall war, wurden nicht sozial Schwache begünstigt, vielmehr in unverantwortlicher Weise Forderungen sozialer Gerechtigkeit verletzt.

Mehr als alles andere haben natürlich die Politisierungsfolgen der erwähnten akademischen Kulturrevolution die öffentliche Geltung unserer Universitäten und Hochschulen in Mitleidenschaft gezogen. Die Erwartung ist doch von vornherein illusionär, Hochschulen für Örter zu halten, die die Ausbildung politischer Urteilskraft in besonderer Weise begünstigen. Der Handlungskreis der Forschungspraxis endet doch, günstigenfalls, bei Antworten auf die Frage, was der Fall sei, und er endet gerade nicht bei Antworten auf die Frage, was zu tun sei. Daraus ergeben sich professionelle Prägungen, nämlich mit dem institutionellen Zweck wissenschaftlicher Einrichtungen unvermeidlich verbundene Prägungen der Praxisferne. Schulen und Hochschulen sind, im Unterschied zu anderen Einrichtungen unseres öffentlichen Lebens, eher als erfahrungsverdünnte Räume zu kennzeichnen, und eben das ist der gute Grund, der die in Wissenschaftsberufen Tätigen eher zu politischer Zurückhaltung veranlassen sollte. Wird das Gegenteil hochschulintern als Verpflichtung öffentlich ausgerufen, so müssen sich bizarre Effekte ergeben. Es gab sie in der Tat, und das hat zweifellos zu öffentlichen Ansehensverlusten der Hochschulen beigetragen, die bis heute nachwirken. Man erinnert sich doch: Es gab Fakultäten, die sich verpflichtet hielten, sich in die Weltpolitik einzumischen, die also, zum Beispiel, Protesttelegramme an den damals noch machthabenden Diktator Franco schickten, weil dieser im Baskenland auf Arbeiter hatte schießen lassen, woraufhin denn eine um Ausgleich bemühte andere Fraktion der fraglichen Fakultät den Antrag stellte, daß man gleichfalls ein Protesttelegramm an den polnischen Parteichef Gomulka zu schicken habe, weil dieser gleichfalls, nämlich in Danzig, auf Arbeiter hatte schießen lassen. Es gab in offiziell einberufenen Vollversammlungen Selbstproklamationen der Universitäten zur vierten Gewalt im Staat – nämlich zur Kritik-Gewalt, und Erscheinungen einer staatlich subventionierten intellektuellen Pseudo-Revolution breiteten sich aus. Hier und da war auf den Straßen neuerlich ein Wallen ideologisch bewegter Massen zu beobachten – unter schwingenden Fahnen, ja unter ikonengleich vorgezeigten Diktatoren-Bildern. Selbstverständlich wäre es in den wichtigsten Hinsichten unpassend, wenn man in diesen inzwischen ihrerseits historisch gewordenen Vorgängen eine Wiederholung von Ereignissen erblicken wollte, die sich, unter anderen idiologischen Vorzeichen, im deutschen Universitätsmilieu auch schon einmal in den frühen dreißiger Jahren abgespielt haben. Nichtsdestoweniger war die erinnerungsmäßige Verknüpfung der phänotypisch doch unverkennbar analogen Vorgänge unvermeidlich, und es hat Remigranten gegeben, denen die Tränen aus den Augen stürzten, als sie sich abermals mit Erscheinungen eines Fanatismus aus jungakademischer Politheilsgläubigheit konfrontiert sahen.

Das alles – ich wiederhole es – gehört inzwischen seinerseits der deutschen Universitätsgeschichte an, oder es hat sich doch bis auf einige wenige erinnerungsselige Relikte verloren. Dennoch ist die an sich wünschenswerte Normalität bürgerlichen Lebens, die die Hochschulen nicht durch Entfernung, vielmehr einzig durch Zuwendung zum außerakademischen bürgerlichen Leben gewinnen können, noch keineswegs schlechthin wiederhergestellt. Bis heute sind die Universitäten Einrichtungen geblieben, die allerlei Formen der Subkulturbildung begünstigen, so daß die Menge der Möglichkeiten auch heute noch groß ist, die dem Publikum zur Verfügung stehen, über das Leben in den Hochschulen den Kopf zu schütteln. Wenn man das so milde formuliert, so erkennt man natürlich, daß hier Geltungsprobleme der Hochschulen liegen, die sie heute historisch nicht zum ersten Mal belasten. Die aufgeklärte und idealistische Hochschulreform war ja nicht zuletzt eine Reaktion auf solche Geltungsverluste der Hochschulen in vorhergehender Zeit.

Schließlich ist noch zu sagen, daß sich die Stellung der universitären Wissenschaftseinrichtungen gegenwärtig auch unter dem Druck gewisser Veränderungen in den spezifisch modernen Wissenschaftslandschaften wandelt. Unbeschadet der erwähnten dramatischen Expansion der Universitätshaushalte in den vergangenen fünfundzwanzig Jahren bleibt zu sagen, daß der Anteil der außeruniversitär aufgebrachten und verbrauchten Mittel für Forschung und Entwicklung noch rascher gewachsen ist als der inneruniversitäre Anteil. Das bedeutet: In einigen forschungspolitischen Hinsichten verliert die Hochschulforschung an relativem Gewicht. Nicht jedem Hochschullehrer ist ja geläufig, daß seit langem der außeruniversitär verbrauchte Anteil an den Mitteln, die der Forschung und Entwicklung insgesamt zur Verfügung stehen, drei bis viermal so hoch ist wie der inneruniversitär verbrauchte Anteil. Unter den europäischen Ländern nimmt die Schweiz insoweit eine Spitzenstellung ein. Hier beträgt der Anteil der Forschungs- und Entwicklungsmittel, über die außeruniversitär verfügt wird, 75 Prozent. In der Bundesrepublik Deutschland liegt, immerhin, dieser Anteil bei 68 Prozent.

Hinzu kommt noch, daß auch der Anteil der Mittel, der außeruniversitär nicht nur verbraucht, vielmehr auch aufgebracht wird, nämlich in erster Linie von der Wirtschaft, ständig wächst. Fügt man diesem Bilde hinzu, daß auch die nicht profitorientierten außeruniversitären Forschungseinrichtungen nach Zahl und Volumen immer noch zunehmen, so erkennt man die Verschärfung des Konkurrenzdrucks, unter den die universitäre Forschung in wichtigen Teilen geraten ist. Nicht nur die Einrichtungen der Max-Planck-Gesellschaft oder der Fraunhofer Gesellschaft sind hier zu erwähnen, vielmehr darüber hinaus auch die neueren Einrichtungen außeruniversitärer Forschung vom Wissenschaftszentrum in Berlin bis zum Historischen Kolleg zu München und von der 1987 zu errichtenden Akademie der Wissenschaften zu Berlin bis hin zum geplanten außeruniversitären kulturwissenschaftlichen Forschungsinstitut des Landes Nordrhein-Westfalen. Aus der Perspektive individueller Wissenschaftlerkarrieren bedeutet das, daß die Menge der Möglichkeiten wächst, seine wissenschaftliche Karriere auch in ihren Geltungsaspekten außeruniversitär fortzusetzen, ja außeruniversitär zu vollenden.

Welche wissenschafts- und kulturpolitischen Folgerungen ergeben sich? Dazu möchte ich, entsprechend meiner Ankündigung, abschließend einiges Wenige sagen. Zunächst möchte ich aus den skizzierten Verschiebungen im Verhältnis universitärer und außeruniversitärer Forschungspotentiale zwei Folgerungen ableiten. Erstens: Die Leistungskonkurrenz, der die Universitätsforschung sich ausgesetzt findet, wird sich in einer Reihe von Fächern weiterhin verschärfen. Die Leistungssteigerung, die in der Universitätsforschung allein schon als Folge der universitären Expansion zu verzeichnen gewesen ist, entspricht dem. Darüber hinaus wird zusätzliche Begünstigung des ohnehin schon als gut Erwiesenen immer nötiger. Die forschungspolitischen Mittel solcher Begünstigung sind wohlbekannt. Die sogenannten Drittmittel sind mit Abstand das wichtigste dieser Mittel – nicht, um Fußkranken den Anschluß zu sichern, sondern zur zusätzlichen Steigerung der Exzellenz sowie der Mobilität derer, die ohnehin schon zur forschungspraktischen Avantgarde gehören. Hier mag man das Stichwort „Elite" assoziieren. Aber ein Einwand läßt sich daraus nicht herleiten. Schließlich sind Eliten weder standes- noch klassengesellschaftsspezifisch. Sie sind vielmehr ein soziales Phänomen unter Bedingungen politisch und rechtlich gewährleisteter demokratischer Egalität.

Selbstverständlich darf man bei Drittmitteln zur Forschungsförderung nicht nur an Mittel aus öffentlicher Kasse denken. Je gewichtiger die außeruniversitäre, speziell auch wirtschaftsinterne Forschung sich entwickelt, um so nötiger sind drittmittelbegünstigte Forschungskooperativen, die die institutionellen und mentalitätsmäßigen Grenzen überschreiten, die Hochschulwelt einerseits und Wirtschaftswelt andererseits hier und da immer noch voneinander trennen. Daß Profitinteressen einerseits und Forschungsinteressen andererseits sich bissen – das ist ein überständiges Ideologem. – Selbstverständlich bedarf die Interaktion zwischen Hochschulforschung und Wirtschaft nicht nur finanzieller Förderung. Sie ist auch auf administrative, ja gesetzliche Hilfen angewiesen – zum Beispiel auf geeignete Formen der Liberalisierung traditioneller Nebentätigkeitsrechte, in der anerkannt wird, daß Hochschullehrer auch dort, wo sie als Beamte gelten und eingestuft sind, ihre Forschungsaufgaben schwerlich nach verwaltungsanalog gefertigten Pflichtenheften erfüllen können.

Die zweite forschungspolitische Konsequenz, die sich aus den skizzierten Verschiebungen in den nationalen Forschungspotentialen für die Hochschulen ergeben, möchte ich folgendermaßen kennzeichnen: Die Hochschulen müssen sich forschungspolitisch in der Erfüllung derjenigen Funktionen stärken, die im nationalen und internationalen Forschungsverbund andere Institutionen gar nicht oder ungleich weniger gut zu bedienen vermögen. Drei solcher Funktionen möchte ich abschließend nennen. Es handelt sich dabei um wohlbekannte, ja triviale Dinge, die aber wie das Triviale nicht selten, von elementarer Bedeutung sind. Zunächst also: Die Hochschulen stehen wie nie zuvor in der Erwartung, durch ihre Studienangebote über die Ausbildung von Kandidaten für traditionelle oder auch neue akademische Berufe hinaus speziell für die Ausbildung professioneller Forscher zu sorgen. Niemals zuvor in der Kulturgeschichte war der Anteil der Erwerbspersonen, die sich professionell der Forschung widmen, so hoch wie heute, und er wächst, unbeschadet einer gewissen Stagnation der universitären Expansion in etlichen Ländern, immer noch. So hoch wie niemals zuvor ist entsprechend auch der Anteil derjenigen Hochschulabsolventen, die, statt in der sogenannten Praxis, in der Forschungspraxis ihren Beruf finden, und die Ansprüche an die Qualität der Ausbildung für Forschungsberufe nimmt ständig zu. Für die akademische Lehre bedeutet das: Schärfer als je zuvor muß sich ein im engeren Sinne forschungsbezogener Teil dieser Lehre im ganzen des akademischen Unterrichts herausspezialisieren. Anders formuliert: Je rascher auch außerakademisch die Forschungspotentiale wachsen, um so wichtiger wird innerakademisch das Post-Graduiertenstudium. Es bedarf keiner Erläuterung, daß in dieser Hinsicht diejenigen Länder begünstigt sind, in denen, wie insbesondere in Großbritannien oder in den USA, die Hochschulen die Freiheit haben, über den Zugang zu ihnen nach gewissen Leistungskriterien selbst zu entscheiden. Es wäre gewiß wirklichkeitsfremd, dieses Ideal überall zum Muster erheben zu wollen. Gleichwohl ist nicht zweifelhaft, daß überall die Verbesserung der Post-Graduiertenausbildung eine forschungspolitische Aufgabe ersten Ranges ist. –

Sodann verbleibt den Hochschulen, unbeschadet der skizzierten Verschiebung der Forschungspotentiale, ein gewisser Vorrang in der Grundlagenforschung. Selbstverständlich haben, zumal in der sogenannten Großforschung, längst auch die außeruniversitären erwerbszweckfreien Forschungseinrichtungen zentrale Aufgaben der Grundlagenforschung übernommen. Überdies hat auch die wirtschaftsintern betriebene Forschung durchaus ihre grundlagenorientierten Aspekte. Gleichwohl bleiben die Hochschulen der Ort, in der die Forschung freier als in jeder anderen Institution, unbelastet vom Druck öffentlicher Relevanzkontrollen, im Schutz anerkannten Rechts der Curiositas, der reinen theoretischen Neugier, betrieben werden kann. Es erübrigt sich, Forschungsprojekte exemplarisch zu nennen, deren praktische Relevanz in den außerakademischen Räumen kaum plausibel und daher schwerlich finanzierungsfähig gemacht werden könnte. Eine wissenschaftliche Kultur ist aber, in letzter Instanz sogar aus praktischen Gründen, auf Gelegenheiten zu freier Betätigung theoretischer Neugier angewiesen, und aus traditionalen wie institutionellen Gründen sind solche Gelegenheiten nirgendwo besser als in den Freiräumen unserer Hohen Schulen gegeben. Schließlich möchte ich auch in diesem Kontext noch einmal den besonderen, in einigen Sachbereichen sogar monopolartigen Beruf der Hochschulen zur Pflege der Geisteswissenschaften plausibel machen. Um es zu wiederholen:

Mit der Verwissenschaftlichung unserer Zivilisation, die sich in erster Linie über die Nutzung naturwissenschaftspraktisch erzeugten Wissens vollzieht, wird die Kulturbedeutung der geisteswissenschaftlichen Forschung nicht geringer. Sie nimmt ganz im Gegenteil ständig zu. Das hängt vor allem mit zwei charakteristischen Eigenschaften wissenschaftlicher Zivilisationen zusammen. Die eine Eigenschaft ist, daß mit der Menge des verfügbaren, wissenschaftspraktisch erzeugten Wissens zugleich die Menge neuer Handlungsmöglichkeiten zunimmt, die moralisch juridisch und verhaltenskulturell nicht normiert, aber in hohem Maße normierungsbedürftig sind. Das ist ein Bestand, der inzwischen längst auch dem Laien unter den Kulturgenossen, zumal aus der Publizistik vertraut ist – vom Regelungsbedarf, der sich für die neuen Handlungsmöglichkeiten aus Fortschritten pränataler Diagnostik ergibt, bis hin zum richtigen Umgang mit den psychischen und politischen Beunruhigungsfolgen, die es mit sich bringt, heute von Gefahren zu wissen, die die Menschheit zwar immer, früher jedoch unter dem Schleier ihres Unwissens bedrohten. Die Kultur des richtigen Umgangs mit den kulturellen Forschungsfolgen – das ist hier das Thema, und ohne methodisch-wissenschaftlich disziplinierten Rekurs auf die normativen Gehalte unserer kulturellen Überlieferung ist die fällige Fortschreibung der normativen Verfassung unserer Kultur einschließlich unserer Wissenschafts- und Forschungskultur nicht möglich. Juristen, Moralisten, Kanonisten – was sie im Kontext der Wissenschaft kulturell repräsentieren, wird also um so mehr benötigt, je rascher der Umfang der traditional nicht geregelten Dispositiosmöglichkeiten fortschrittsabhängig zunimmt.

Die zweite Eigenschaft wissenschaftlicher Zivilisationen ist die bereits oben skizzierte progressive Verkürzung des temporalen Abstands, der uns von derjenigen Vergangenheit trennt, in die zurückzublicken bedeutet, eine bereits partiell fremd gewordene Welt zu erblicken. Die Veraltensgeschwindigkeit unserer zivilisatorischen Lebenswelt wächst genau komplementär mit der wissenschaftsabhängigen Rate zivilisatorischer Innovationen. Das bedeutet: In einer dynamischen Zivilisation wird uns immer rascher unsere eigene Herkunftswelt unverständlich. Dieser Vorgang ist deswegen ein Vorgang von potentieller kultureller Bedrohlichkeit, weil ja das, was wir, individuell und kulturell, unsere „Identität" nennen, nichts anderes als die Einheit angeeigneter und damit zukunftsfähig gemachter Herkunftsgeschichte ist. Eben aus diesem Grund, nämlich in der Absicht, Herkunftsgeschichte aneignungsfähig zu halten, nimmt mit ihrer Dynamik zugleich der Grad der Musealisierung unserer kulturellen Umwelt ständig zu. Wie nie zuvor finden die Anstrengungen unserer Denkmalsschützer den Beifall des Publikums, und Popularhistoriographie ist bestsellerträchtig. Kurz: Mit der Dynamik des Fortschritts wächst komplementär die Intensität kultureller Vergangenheitszuwendung, und damit zugleich unsere Angewiesenheit auf Erträgnisse und methodische Disziplinierungen historischer Forschung. An den Universitäten hat diese Forschung ihre wichtigste Stätte. Es kann gar keine Rede davon sein, daß die geisteswissenschaftliche Forschung immer tiefer in den Schatten der unmittelbar nutzbaren Forschung geriete. Der Zusammenhang von technisch-pragmatisch nutzbarer Forschung einerseits und geisteswissenschaftlicher Forschung andererseits liegt grundsätzlich anders, nämlich so: Mit der Menge nutzbarer und tatsächlich genutzten wissenschaftlichen Wissens wächst eo ipso der kulturelle Orientierungsbedarf, der uns auf die Leistungen der Geisteswissenschaften angewiesen sein läßt.

Unbeschadet meiner Bemerkungen über die Gründe, die es verfehlt sein lassen würde, gerade von den Hochschulen besonders ausgeprägte Beiträge zur Stärkung der Bürgerkompetenz derer, die am Leben der Wissenschaft praktisch teilnehmen, zu erwarten, hat doch auch die Hochschule ihren speziellen Beruf zur Bildung junger Menschen, die sie zur Teilnahme am öffentlichen Leben befähigter macht. Worin besteht dieser Beruf? Er besteht in dem Beruf der Hochschulen zur Einübung und Festigung dessen, was ich „Begründungsmoral" nennen möchte. Mit ein paar Sätzen soll erläutert sein, was damit gemeint ist.

Wer öffentlich etwas behauptet, übernimmt damit nach Regeln der Beweislastverteilung, wie wir sie seit der Topik des Aristoteles kennen, die Last der Begründung seiner Behauptung, und im 20. Jahrhundert, als einem Jahrhundert der blühenden Hochideologien, sind wir in besonderer Weise politisch auf eine Sensibilisierung in bezug auf die Begründungslasten angewiesen, die übernimmt, wer Großes behauptet. Im akademischen Ideal ist es nun aber gerade die Teilnahme am Leben der Wissenschaft, die in besonderer Weise geeignet ist, diese Sensibilisierung zu erzeugen. Teilnahme am Leben der Wissenschaft – ihre kulturelle und näherhin politisch-kulturelle Wirkung ist Erziehung zur Skepsis, zur Resistenz gegenüber Rhetorik, zur Verblüffungsfestigkeit. Es handelt sich dabei um die Ausbildung einer Verstandeskultur, die nicht nur wissenschaftsimmanente Bedeutung hat, die vielmehr zugleich moralisch und politisch wirksam zu werden vermag. Diese Verstandeskultur erzeugt sich insbesondere durch Teilnahme am Leben der Wissenschaft in ihrer in Mitteleuropa zumeist mit einem negativen Akzent so genannten „positivistischen" Charakteristik. Ihre praktisch-moralische Bedeutung hat wie kein anderer Max Weber beschrieben. Es ist heute eine Sache der historischen Gerechtigkeit festzustellen, daß gerade die Repräsentanten des sogenannten Positivismus von der Jurisprudenz bis zur Wissenschaftstheorie in Deutschland wie in Österreich eben gerade nicht akademische Parteigänger ideologisch-totalitärer Bewegungen waren, vielmehr stets ihre Verfemten und partiell sogar ihre Opfer. Es erklärt sich leicht, wieso das so ist. Die Verstandeskultur, die man durch Teilnahme an der Praxis sich positiv selbstbegrenzender Wissenschaften erwirbt, sensibilisiert gegen große Behauptungen, und genau das macht die Repräsentanten einer solchen Wissenschaftskultur für große politische Ideologien, die ja von großen Behauptungen leben, intolerabel. Nicht die Wissenschaftsmoral, wie sie exemplarisch Max Weber gelehrt hat, hat entsprechend die deutschen Universitäten als Stätten der Bekundung des Engagements von Wissenschaftlern bei totalitärer Bewegtheit geeignet gemacht, vielmehr ganz im Gegenteil die Schwäche der akademischen Geltung eben dieser Moral.

Natürlich ist es wahr, daß Verstandeskultur als praktischer Sinn für Begründungslasten und ihre Verteilung, daß also die Wissenschaftsmoral einer Verpflichtung zur politischen Indifferenz in der Theoriebildung als moralisch-praktische Basis politischer Lebenskultur niemals ausreicht. Sie reicht nicht einmal aus als die moralische Basis, auf die man wissenschaftliche Institutionen errichten kann. Das bedeutet: Gerade auch die wissenschaftlichen Institutionen leben in letzter Instanz nicht aus eigener moralischer Substanz, vielmehr aus der Lebendigkeit eines Bürgerwillens, der sich auf das Ganze des Gemeinwesens bezieht, innerhalb dessen die akademischen und wissenschaftlichen Einrichtungen dann ihren speziellen Ort und Beruf haben. Die Gemeinmoral des akademischen Bürgers unterscheidet sich von der Gemeinmoral des Bürgers gar nicht. Der einzige spezielle

Beitrag, den man insoweit von den Hochschulen zur Emendation des bürgerlichen Lebens erwarten darf, ist, noch einmal, jener spezielle Sinn für Begründungslasten. Begründungsmoral ist die einzige Moral, die wie nichts anderes durch Teilnahme am Leben der Wissenschaften erworben werden kann.

Die Idee der Universität – Lernprozesse

Jürgen Habermas

I

Im ersten Heft des ersten Jahrgangs der damals von Karl Jaspers und Alfred Weber, Dolf Sternberger und Alexander Mitscherlich gegründeten Zeitschrift „Die Wandlung" kann man die Rede nachlesen, die der aus der inneren Emigration auf seinen Lehrstuhl zurückkehrende Philosoph im Jahre 1945 zur Wiedereröffnung der Universität Heidelberg gehalten hat: Karl Jaspers „Die Erneuerung der Universität". Mit der Emphase des neuen Anfangs, den die zeitgeschichtliche Situation in Aussicht stellte, griff Jaspers damals den zentralen Gedanken aus seiner Schrift über die „Idee der Universität" auf, die zuerst 1923 erschienen war und 1946 neu aufgelegt wurde. Fünfzehn Jahre später, 1961, erscheint das Buch in neuer Bearbeitung. Jaspers sah sich inzwischen in seinen Erwartungen enttäuscht. Ungeduldig, geradezu beschwörend heißt es jetzt im Vorwort zur Neufassung: „Entweder gelingt die Erhaltung der deutschen Universität durch Wiedergeburt der Idee im Entschluß zur Verwirklichung einer neuen Organisationsgestalt, oder sie findet ihr Ende im Funktionalismus riesiger Schul- und Ausbildungsanstalten für wissenschaftlich-technische Fachkräfte. Deshalb gilt es, aus dem Anspruch der Idee die Möglichkeit einer Erneuerung der Universität . . . zu entwerfen." [1])

Immer noch geht Jaspers unbefangen von Prämissen aus, die sich der impliziten Soziologie des Deutschen Idealismus verdanken. Ihr zufolge sind institutionelle Ordnungen Gestalten des objektiven Geistes. Eine Institution bleibt nur solange funktionsfähig, wie sie die ihr innewohnende Idee lebendig verkörpert. Sobald der Geist aus ihr entweicht, erstarrt eine Institution in ähnlicher Weise zu etwas bloß Mechanischem, wie sich der seelenlose Organismus in tote Materie auflöst.

Auch die Universität bildet kein Ganzes mehr, sobald das einigende Band ihres korporativen Bewußtseins zerfällt. Die Funktionen, die die Universität für die Gesellschaft erfüllt, müssen gleichsam von innen mit den Zielsetzungen, Motiven und Handlungen ihrer arbeitsteilig kooperierenden Mitglieder (über ein Geflecht von Intentionen) vereinigt bleiben. Im diesem Sinne soll die Universität eine von ihren Angehörigen intersubjektiv geteilte, sogar eine exemplarische Lebensform institutionell verkörpern und zugleich motivational verankern. Was seit Humboldt „die Idee der Universität" heißt, ist das Projekt der Verkörperung einer idealen Lebensform. Diese Idee soll sich vor anderen Gründungsideen noch dadurch auszeichnen, daß sie nicht nur auf eine der vielen partikularen Lebensformen der frühbürgerlichen, berufsständisch stratifizierten Gesellschaft verweist, sondern – dank ihrer Verschwisterung mit Wissenschaft und Wahrheit – auf ein Allgemeines, dem Pluralismus gesellschaftlicher Lebensformen Vorgängiges. Die Idee der Universität verweist auf die Bildungsgesetze, nach denen sich *alle* Gestalten des objektiven Geistes formieren.

Selbst wenn wir von diesem überschwenglichen Anspruch aufs Exemplarische absehen, ist nicht schon die Prämisse, daß ein unübersichtliches Gebilde wie das moderne Hochschulsystem von der gemeinsamen Denkungsart ihrer

Mitglieder durchdrungen und getragen werden müsse, unrealistisch? „Nur wer die Idee der Universität in sicht trägt, kann für die Universität sachentsprechend denken und wirken."[2]) Hätte Jaspers nicht schon von Max Weber gelernt haben können, daß die organisationsförmige Realität, in der sich die funktional spezifizierten Teilsysteme einer hoch differenzierten Gesellschaft sedimentieren, auf ganz anderen Prämissen beruht? Die Funktionsfähigkeit solcher Betriebe und Anstalten hängt gerade davon ab, daß die Motive der Mitglieder von den Organisationszielen und -funktionen entkoppelt sind. Organisationen verkörpern keine Ideen mehr. Wer sie auf Ideen verpflichten wollte, müßte ihren operativen Spielraum auf den vergleichsweise engen Horizont der von den Mitgliedern intersubjektiv geteilten Lebenswelt beschränken. Einer der vielen huldigenden Artikel, mit denen die FAZ die Universität Heidelberg zu ihrem 600. Geburtstag verwöhnt, kommt denn auch zu dem ernüchternden Schluß: „Das Bekenntnis zu Humboldt ist die Lebenslüge unserer Universitäten. Sie haben keine Idee."[3]) Aus dieser Sicht gehören alle jene Universitätsreformer, die sich wie Jaspers auf die Idee der Universität berufen haben und mit schwächer werdender Stimme noch berufen, zu den bloß defensiven Geistern einer modernisierungsfeindlichen Kulturkritik.

Nun war Jaspers von den idealistischen Zügen eines soziologiefremden, bildungselitären, bürgerlichen Kulturpessimismus, d. h. von der Hintergrundideologie der deutschen Mandarine gewiß nicht frei; aber er war nicht der einzige, nicht einmal der einflußreichste unter denen , die in den 60er Jahren eine überfällige Universitätsreform mit Rückgriff auf die Ideen der preußischen Universitätsreformer eingeklagt haben. Im Jahre 1963, zwei Jahre nach der Neufassung der Jasperschen Schrift, hat sich Helmut Schelsky mit seinem schon im Titel unverkennbaren Buch „Einsamkeit und Freiheit“ zu Wort gemeldet. Und wiederum zwei Jahre später erschien die Ausarbeitung einer (zunächst 1961 vorgestellten) Denkschrift des SDS unter dem Titel „Hochschule in der Demokratie“. Drei Reformschriften aus drei Generationen und drei verschiedenen Perspektiven. Sie markieren einen jeweils größer gewordenen Abstand von Humboldt – und eine wachsende sozialwissenschaftliche Ernüchterung über die Idee der Universität. Trotz des Generationenabstandes und des eingetretenen Mentalitätswandels ließ sich freilich keine dieser drei Parteien ganz davon abbringen, daß es um eine kritische Erneuerung eben jener Idee gehe: „Reform der Universität“, meinte Schelsky, „ist heute eine Neuschöpfung und Umgestaltung ihrer normativen Leitbilder, also die zeitgemäße Wiederholung der Aufgabe, die Humboldt und seine Zeitgenossen für die Universität vollbracht haben.“ [4]) Und das Vorwort, mit dem ich seinerzeit die SDS-Denkschrift empfohlen habe, schließt mit dem Satz: „Die Lektüre mag für die, die eine große Tradition *ungebrochen* fortzusetzen meinen, provozierend sein. Aber nur darum ist diese Kritik so unerbittlich, weil sie ihre Maßstäbe dem besseren Geist der Universität selber entlehnt. Die Verfasser“ – damals Berliner Studenten, heute wohlbestallte und bekannte Professoren wie Claus Offe und Ullrich Preuß – „identifizieren sich mit dem, was die deutsche Universität einmal zu sein beanspruchte.“ [5])

Zwanzig Jahre und eine halbherzig durchgeführte, teils wieder zurückgenommene Organisationsreform der Hochschule trennen uns heute von diesen Versuchen, der Universität im Lichte ihrer erneuerten Idee eine neue Gestalt zu geben. Nachdem die Dunstschwaden der Polemik über die inzwischen eingerichtete Gruppenuniversität abgezogen sind, streifen resignierte Blicke über eine polarisierte Hochschullandschaft. Was können wir aus diesen zwanzig Jahren lernen? Es sieht so aus, als behielten jene Realisten recht, die, wie Jaspers anmerkt, schon nach dem Ersten Weltkrieg erklärt hatten: „Die Idee der Universität ist tot! Lassen wir die Illusionen fallen! Jagen wir nicht Fiktionen nach!“ [6]) Oder hatten wir nur die Rolle, die eine solche Idee für das Selbstverständnis universitär organisierter Lernprozesse nach wie vor spielen könnte, nicht richtig verstanden? *Mußte* die Universität auf ihrem Wege zur funktionalen Spezifizierung innerhalb eines beschleunigt ausdifferenzierten Wissenschaftssystems das, was man einmal ihre Idee genannt hat, als leere Hülse abstreifen? Oder ist die universitäre Form organisierter wissenschaftlicher Lernprozesse auch heute noch auf eine *Bündelung* von Funktionen angewiesen, die nicht gerade ein normatives Leitbild erfordert, aber doch eine gewisse Gemeinsamkeit in den Selbstdeutungen der Universitätsangehörigen – Reste eines korporativen Bewußtseins?

II

Vielleicht genügt schon ein Blick auf die *äußere* Entwicklung der Hochschulen, um diese Fragen zu beantworten. Die Bildungsexpansion nach dem zweiten Weltkrieg ist ein weltweites Phänomen, das T. Parsons veranlaßt hat, von einer „Erziehungsrevolution“ zu sprechen. Im Deutschen Reich war die Zahl der Studierenden zwischen 1933 und 1939 von 121 000 auf 56 000 Studenten halbiert worden. 1945 bestanden auf dem Gebiet der späteren Bundesrepublik nur noch 15 Hochschulen. Mitte der 50er Jahre versorgten 50 wissenschaftliche Hochschulen schon wieder etwa 150 000 Studenten. Anfang der 60er Jahre wurden dann die Weichen für einen gezielten Ausbau des tertiären Sektors gestellt. Seitdem hat sich die Studentenzahl noch einmal vervierfacht. Heute werden über eine Million Studenten an 94 wissenschaftlichen Hochschulen ausgebildet.[7]) Diese absoluten Zahlen gewinnen freilich einen informativen Gehalt erst im internationalen Vergleich.

In fast allen westlichen Industriegesellschaften beginnt nach 1945 der Trend zur Erweiterung der formalen Bildung und setzt sich verstärkt bis Ende der 70er Jahre fort; in den entwickelten sozialistischen Gesellschaften konzentriert sich der gleiche Erweiterungsschub in den 50er Jahren. In allen Industrieländern nahm die von der UNESCO für den Zeitraum von 1950 bis 1980 brutto berechnete Sekundarschulrate von 30 auf 80, die entsprechende Hochschulrate von knapp 4 auf 30 zu. Die Parallelen in der Bildungsexpansion verschiedener Industriegesellschaften zeigen sich noch deutlicher, wenn man, wie im angekündigten zweiten Bildungsbericht des MPI für die Bildungsforschung, die Selektivität des Bildungssystems in der Bundesrepublik mit dem in den USA, Großbritannien, Frankreich und der DDR vergleicht. Obwohl die nationalen Bildungssysteme ganz verschieden aufgebaut sind, und trotz der Unterschiede im politischen und gesellschaftlichen System, ergeben sich für die höchsten Qualifikationsstufen dieselben Größenordnungen. Wenn man die Bildungselite an höheren akademischen Graden (in der Regel an der Promotion) mißt, liegt ihr Anteil zwischen 1,5 % und 2,6 % eines Jahrgangs; mißt man sie am Abschluß der wichtigsten Formen des akademischen Langzeitstudiums (an Diplom, Magister und Staatsexamen), liegt der Anteil zwischen 8 % und 10 % eines Jahrgangs. Die Autoren des zweiten Bildungsberichts vertiefen diesen Vergleich bis in Bereiche der qualitativen Differenzierung und stellen beispielsweise fest, daß sich das Publikationsverhalten und die nach äußeren Indikatoren eingeschätzte wissenschaftliche Produktivität in den einzelnen Fächern international auf verblüffende Weise ähneln – ganz unabhängig davon, ob die nationalen Hochschulsysteme eher offen strukturiert oder stärker auf Auswahl und Elitenbildung zugeschnitten sind. [8]) Die deutschen Universitäten haben sich zudem, bei aller steifnackigen Resistenz gegen die staatlich verordnete Reform, nicht nur in den quantitativen Dimensionen verändert. Die markantesten Züge einer spezifisch deutschen Erbschaft sind abgeschliffen worden. Mit der Ordinarienuniversität sind überholte Hierarchien abgebaut worden; mit einer gewissen Statusnivellierung verlor auch die Mandarinenideologie ihre Grundlage. Auslagerungen und interne Differenzierungen haben Lehre und Forschung stärker auseinandertreten lassen. Mit einem Wort: auch in ihren inneren Strukturen haben sich in der Bundesrepublik die Massenuniversitäten den Hochschulen anderer Industrieländer angeglichen.

Aus der Entfernung des international vergleichenden bildungssoziologischen Blicks bietet sich also ein Bild, das eine funktionalistische Deutung aufdrängt. Danach bestimmen die Gesetzmäßigkeiten der gesellschaftlichen Modernisierung auch die Hochschulentwicklung, die freilich in der Bundesrepublik, im Vergleich zur DDR und zum westlichen Ausland, mit einem Jahrzehnt Verspätung eingesetzt hat. In der Phase größter Beschleunigung hat dann die Bildungsexpansion entsprechende Ideologien erzeugt. Der Streit zwischen den Reformern und den Verteidigern eines unhaltbar gewordenen Status quo ist damals von allen Seiten, so scheint es, unter der falschen Prämisse ausgetragen worden, daß es darum gehe, die Idee der Universität sei es zu erneuern oder zu bewahren. In diesen ideologischen Formen hat sich ein Prozeß vollzogen, den keine der beiden Parteien gewollt hat – und den die revoltierenden Studenten seinerzeit als „technokratische Hochschulreform" bekämpft haben. Im Zeichen der Reform scheint sich bei uns nur ein neuer Schub in der Ausdifferenzierung eines Wissenschaftssystems vollzogen zu haben, das sich wie überall funktional verselbständigt hat – und das normativer Integration in den Köpfen von Professoren und Studenten umso weniger bedarf, je mehr es sich über systemische Mechanismen steuert und mit der disziplinären Erzeugung von technisch verwertbaren Informationen und Berufsqualifikationen auf die Umwelten der Ökonomie und der planenden Verwaltung einstellt. Zu diesem Bild passsen die pragmatischen Empfehlungen des Wissenschaftsrates, die eine Verlagerung der Gewichte zugunsten systemischer Steuerung, zugunsten disziplinärer Eigenständigkeit, zugunsten einer Differenzierung von Forschung und Lehre fordern.[9])

Freilich läßt die ideenpolitische Enthaltsamkeit des Wissenschaftsrats weitergreifende Interpretationen offen. Die vorsichtigen Empfehlungen implizieren nicht notwendig jene funktionalistische Lesart, die sich mit einem heute verbreiteten neokonservativen Deutungsmuster trifft. Einerseits setzt man aufs funktional ausdifferenzierte Wissenschaftssystem, für das die normativ integrierende Kraft eines im korporativen Selbstverständnis verankerten ideellen Zentrums nur hinderlich wäre; andererseits nimmt man die Jubiläumsdaten gerne zum rhetorischen Anlaß, um über einer systemisch geronnenen Autonomie der Hochschule den Traditionsmantel einer einst ganz anders, nämlich normativ gemeinten Autonomie auszubreiten. Unter diesem Schleier können sich dann die Informationsflüsse zwischen den funktional autonom gewordenen Teilsystemen, zwischen den Hochschulen und dem ökonomisch-militärisch-administrativen Komplex umso unauffälliger einspielen.

Aus dieser Sicht wird das Traditionsbewußtsein nur noch an seinem Kompensationswert gemessen; es ist soviel wert wie die Löcher groß sind, die es in einer ihrer Idee beraubten Universität zu stopfen vermag. Auch diese neokonservative Deutung könnte freilich, soziologisch betrachtet, der bloße Reflex einer Bildungskonjunktur sein, die ihren Zyklen folgt – ganz unbeirrt von den Politiken, den Themen und den Theorien, denen sie jeweils zum Aufschwung verhilft.

Die aktive Bildungspolitik, die bei uns im Zuge eines überfälligen Modernisierungsschubes Anfang der 60er Jahre eingesetzt hatte, beruhte bis zum Ende der Großen Koalition auf einem tragfähigen Konsens aller Parteien; während der ersten Regierung Brandt hat die Bundesrepublik dann eine bildungspolitische Hochkonjunktur erlebt – und den Beginn der Polarisierung. Seit 1974 setzte schließlich der Abschwung ein, weil seitdem die Bildungspolitik durch die einsetzende Wirtschaftskrise von beiden Seiten betroffen wurde: auf der Absolventenseite durch erschwerte Arbeitsmarktbedingungen, auf der Kosten- und Finanzierungsseite durch die Krise der öffentlichen Haushalte.[10]) Man kann also das, was den Neokonservativen heute als realistische Neuorientierung der Bildungspolitik erscheint, auch als ein weitgehend ökonomisch und politisch zu erklärendes Rezessionsphänomen der Bildungsplanung verstehen.[11]) Wenn aber die Bildungskonjunkturen gleichsam durch die Themen und Theorien hindurchgreifen, ist auch die funktionalistische Deutung, die heute dominiert, nicht schlicht at face value zu nehmen. Prozesse der Ausdifferenzierung, die sich in den beiden letzten Jahrzehnten beschleunigt haben, *müssen* nicht unter eine systemtheoretische Beschreibung gebracht werden und zu dem Schluß führen, daß die Universitäten den lebensweltlichen Horizonten nun ganz entwachsen sind.

Die traditionelle Bündelung verschiedener Funktionen unter dem Dach einer Institution, auch das Bewußtsein, daß hier der Prozeß der Gewinnung wissenschaftlicher Erkenntnisse nicht nur mit technischer Entwicklung und mit der Vorbereitung auf akademische Berufe, sondern auch mit allgemeiner Bildung, kultureller Überlieferung und Aufklärung in der politischen Öffentlichkeit verflochten ist, könnte ja für die Forschung selbst lebenswichtig sein. Empirisch gesehen, scheint es eine offene Frage zu sein, ob nicht die Antriebe wissenschaftlicher Lernprozesse am Ende erlahmen müßten, wenn diese ausschließlich auf die Funktion der Forschung spezialisiert wären. Wissenschaftliche Produktivität könnte sehr wohl von universitären Formen der Organisation abhängig sein, nämlich angewiesen auf jenen in sich differenzierten Komplex der Förderung des wissenschaftlichen Nachwuchses, der Vorbereitung auf akademische Berufe sowie der Beteiligung an Prozessen der Allgemeinbildung, der kulturellen Selbstverständigung und der öffentlichen Meinungsbildung.

Noch sind die Hochschulen über diese merkwürdige Bündelung von Funktionen in der Lebenswelt verwurzelt. Allerdings werden die allgemeinen Vorgänge der Sozialisation, der Überlieferung und der sozial-integrativen Willensbildung, über die sich die Lebenswelt reproduziert, *innerhalb* der Universität nur unter den hoch artifiziellen Bedingungen der auf Erkenntnisgewinn programmierten wissenschaftlichen Lernprozesse fortgesetzt. Solange dieser Zusammenhang nicht vollends reißt, kann die Idee der Universität immerhin nicht ganz tot sein. Die Komplexität und innere Differenzierung dieses Zusammenhangs darf freilich nicht unterschätzt werden. In der Geburtsstunde der klassischen deutschen Universität haben die preußischen Reformer ein Bild von ihr entworfen, das einen übervereinfachten Zusammenhang zwischen wissenschaftlichen Lernprozessen und den Lebensformen moderner Gesellschaften suggeriert. Sie haben der Universität, aus der Sicht einer idealistischen Versöhnungsphilosophie, eine Kraft der Totalisierung zugemutet, die diese Institution von Anbeginn überfordern mußte. Nicht zuletzt diesem Impuls verdankte die Idee der Universität in Deutschland ihre Faszination – bis hinein in die 60er Jahre unseres Jahrhunderts. Wie sehr sie inzwischen ihre Kraft eingebüßt hat, läßt sich schon am Ort unserer Vortragsreihe Ablesen. Daß das Städtische Theater diese dankenswerte Initiative ergreift, läßt ja den Gedanken aufkommen, der Idee der Universität könne nur noch extra muros neues Leben eingehaucht werden.

Um die Komplexität des Zusammenhangs von Universität und Lebenswelt deutlich zu machen, möchte ich den Kern der Universitätsidee von den Schalen ihrer Übervereinfachungen lösen. Ich erinnere zunächst an die klassische Idee von Schelling, Humboldt und Schleiermacher, um dann die drei Varianten ihrer Erneuerung durch Jaspers, Schelsky und die SDS-Reformer zu behandeln.

III

Humboldt und Schleiermacher verknüpfen mit der Idee der Universität zwei Gedanken. Erstens geht es ihnen um das Problem, wie die moderne, aus der Vormundschaft von Religion und Kirche entlassene Wissenschaft institutionalisiert werden kann, ohne daß ihre Autonomie von anderer Seite gefährdet wird – sei es durch die Befehle der staatlichen Obrigkeit, die die äußere Existenz der Wissenschaft ermöglicht, oder durch Einflüsse der bürgerlichen Gesellschaft, die an den nützlichen Resultaten der wissenschaftlichen Arbeit interessiert ist. Humboldt und Schleiermacher sehen die Lösung des Problems in einer staatlich organisierten Wissenschaftsautonomie, die die höheren wissenschaftlichen Anstalten gegen politische Eingriffe ebenso wie gegen gesellschaftliche Imperative abschirmt. Zum anderen wollen aber Humboldt und Schleiermacher auch erklären, warum es im Interesse des Staates selber liegt, der Universität die äußere Gestalt einer nach innen unbeschränkten Freiheit zu garantieren. Ein solcher Kulturstaat empfiehlt sich durch die segensreichen Folgen, die die einheitsstiftende, totalisierende Kraft der als Forschung institutionalisierten Wissenschaft haben müsse. Wenn nur die wissenschaftliche Arbeit der inneren Dynamik der Forschungsprozesse überlassen würde und wenn so das Prinzip erhalten bliebe, „die Wissenschaft als etwas noch nicht ganz Gefundenes und nie ganz Aufzufindendes zu betrachten“ [12]), dann müßte sich, davon waren beide überzeugt, die moralische Kultur, überhaupt das geistige Leben der Nation in den höheren wissenschaftlichen Anstalten wie in einem Focus zusammenfassen. [13]) Diese beiden Gedanken verschmelzen zur Idee der Universität und erklären einige der auffälligeren Eigenschaften der deutschen Universitätstradition. Sie machen erstens das affirmative Verhältnis einer sich unpolitisch verstehenden Universitätswissenschaft zum Staat verständlich, zweitens das defensive Verhältnis zur beruflichen Praxis, insbesondere zu Ausbildungsanforderungen, die das Prinzip der Einheit von Lehre und Forschung gefährden könnten, und drittens die zentrale Stellung der philosophischen Fakultät innerhalb der Hochschule sowie die emphatische Bedeutung, die der Wissenschaft für Kultur und Gesellschaft im ganzen zugeschrieben wird. Das Wort „Wissenschaft“ hat ja im Deutschen so reiche Konnotationen angesetzt, daß sich dafür im Englischen oder Französischen keine einfachen Äquivalente finden. Aus der Universitätsidee ergibt sich also einerseits die entwicklungsträchtige, weil auf die funktionale Eigenständigkeit des Wissenschaftssystems verweisende Betonung der Wissenschaftsautonomie, welche freilich nur in „Einsamkeit und Freiheit", aus der Distanz zur bürgerlichen Gesellschaft und zur politischen Öffentlichkeit wahrgenommen werden sollte, und andererseits die allgemeine kulturprägende Kraft einer Wissenschaft, in der sich die Totalität der Lebenswelt reflexiv zusammenfassen sollte. Für das defensive Verhältnis zur bürgerlichen Gesellschaft und für die interne Beziehung zur Lebenswelt im ganzen muß freilich die Wissenschaft, die als eine philosophische Grundwissenschaft vor Augen stand, sehr spezielle Bedingungen erfüllen.

Die Reformer konnten sich damals den Wissenschaftsprozeß als einen narzißtisch in sich geschlossenen Kreisprozeß forschenden Lehrens vorstellen, weil die Philosophie des Deutschen Idealismus von sich aus die *Einheit von Lehre und Forschung* erforderte. Während heute eine Diskussion auf dem jeweils neuesten Stand der Forschung und die Darstellung dieses Wissensstandes für Zwecke des Studiums zwei verschiedene Dinge sind, hatte Schelling in seinen „Vorlesungen zur Methode des akademischen Studiums" gezeigt, daß aus der Konstruktion des philosophischen Gedankens selber die Form seiner pädagogischen Vermittlung hervorgeht. Dem „bloß historischen" Vortrag fertiger Resultate setzte er die konstruierende Entfaltung „des Ganzen einer Wissenschaft aus innerer, lebendiger Anschauung entgegen." 14) Mit einem Wort: dieser Typus von Theorie erforderte einen konstruktiven Aufbau, der mit dem Curriculum ihrer Darstellung zusammenfiel.

Auf die gleiche Weise sollte die Universität ihren inneren Bezug zur Lebenswelt der totalisierenden Kraft der Wissenschaft verdanken können. Der Philosophie trauten die Reformer eine einheitsstiftende Kraft unter drei Aspekten zu – nämlich im Hinblick, wie wir heute sagen würden, auf kulturelle Überlieferung, auf Sozialisation und auf gesellschaftliche Integration. Die philosophische Grundwissenschaft war erstens *enzyklopädisch* angelegt und konnte als solche sowohl die Einheit in der Mannigfaltigkeit der wissenschaftlichen Disziplinen sichern wie auch die Einheit der Wissenschaft mit Kunst und Kritik auf der einen, Recht und Moral auf der anderen Seite. Die Philosophie empfahl sich als Reflexionsform der Kultur im ganzen. Ihr *platonistischer* Grundzug sollte zweitens die Einheit von Forschungsprozessen und Bildungsprozessen sichern. Indem nämlich Ideen erfaßt werden, bilden sie sich zugleich in den sittlichen Charakter des Erkennenden ein und befreien diesen von aller Einseitigkeit. Die Erhebung zum Absoluten öffnet den Weg zur allseitigen Entfaltung der Individualität. Weil der Umgang mit dieser Art von Wissenschaft vernünftig macht, können „die Pflanzschulen der Wissenschaft zugleich allgemeine Bildungsanstalten" sein.[15]) Schließlich versprach die *reflexionsphilosophische Grundlage* aller Theoriebildung die Einheit von Wissenschaft und Aufklärung. Während heute die Philosophie ein Fach geworden ist, das das esoterische Interesse von Fachleuten auf sich zieht, konnte eine Philosophie, die von der Selbstbeziehung des erkennenden Subjekts ausging und alle Erkenntnisinhalte auf dem Wege einer reflexiven Denkbewegung entfaltete, das esoterische Interesse des Fachmanns an der Wissenschaft gleichzeitig mit dem exoterischen Interesse des Laien an Selbstverständigung und Aufklärung befriedigen.[16]) Indem die Philosophie, wie Hegel sagen wird, ihre Zeit in Gedanken erfaßt, sollte sie die sozial-integrative Kraft der Religion durch die versöhnende der Vernunft ersetzen. Deshalb konnte Fichte die Universität, die eine solche Wissenschaft bloß institutionalisiert, als Geburtsstätte einer künftigen, emanzipierten Gesellschaft verstehen, sogar als Stätte der nationalen Erziehung. Die in Reflexion einübende Wissenschaft schafft ja Klarheit nicht über uns fremd bleibende Dinge, sondern über die innerste Wurzel unseres Lebens: „Diese Klarheit muß nun jeder wissenschaftliche Körper rund um sich herum, schon um seines eigenen Interesses willen, wollen und aus aller Kraft befördern; er muß daher, so wie er nur in sich selbst einige Konsistenz bekommen hat, unaufhaltsam fortfließen zur Organisation der Erziehung der Nation, als seines eigenen Bodens, zu Klarheit und Geistesfreiheit, und so die Erneuerung aller menschlichen Verhältnisse vorbereiten und möglich machen". [17])

Das Riskante und Unwahrscheinliche jener Universitätsidee, die uns in den berühmten Gründungsdokumenten entgegentritt, wird erst in ganzem Umfange deutlich, wenn man sich die Bedingungen klar macht, die für die Institutionalisierung einer solchen Wissenschaft hätten erfüllt sein müssen – einer Wissenschaft also, die allein durch ihre innere Struktur die Einheit von Forschung und Lehre, die Einheit der Wissenschaften, die Einheit von Wissenschaft und allgemeiner Bildung sowie die Einheit von Wissenschaft und Aufklärung zugleich ermöglichen und garantieren sollte.

Die strikt verstandene Einheit von Forschung und Lehre bedeutet, daß nur so gelehrt und gelernt wird, wie es für den innovativen Prozeß des wissenschaftlichen Fortschrittes nötig ist. Die Wissenschaft soll sich auch in dem Sinne selbst reproduzieren können, daß die Professoren ihren eigenen Nachwuchs heranbilden. Der künftige Forscher ist das einzige Ziel, für das die Universität der forschenden Gelehrten Ausbildungsaufgaben übernimmt. Immerhin behielt diese Beschränkung der akademischen Berufsvorbereitung auf die Förderung des wissenschaftlichen Nachwuchses wenigstens für die philosophische Fakultät eine gewisse Plausibilität, solange sich die Professorenschaft aus dem Kreis der von ihnen ausgebildeten Gymnasiallehrer ergänzte.

Weiterhin konnte die Idee der Einheit der Wissenschaften nur geltend gemacht werden, wenn sich die oberen Fakultäten der wissenschaftlichen Führung einer völlig umgewandelten Artistenfakultät unterordneten und wenn die Philosophie, die hier ihren Sitz hatte, tatsächlich zur Grundwissenschaft der vereinigten Natur- und Geisteswissenschaften avancierte. Das ist der Sinn der Polemik gegen die Brotwissenschaften, gegen die Zerstreuung in Spezialschulen, gegen das bloß Abgeleitete jener Fakultäten, „die ihre Einheit nicht in der Erkenntnis unmittelbar, sondern in einem äußeren Geschäfte" finden. Als zwingende, aber von Anbeginn kontrafaktisch erhobene Konsequenz ergab sich die Forderung nach der Herrschaft der philosophischen Fakultät, „weil alle Mitglieder der Universität, zu welcher Fakultät sie auch gehören, in ihr müssen eingewurzelt sein". [18])

Die Einheit von Wissenschaft und allgemeiner Bildung hatte institutionell die Einheit der Lehrenden und Lernenden zur Voraussetzung: „Das Verhältnis von Lehrer und Schüler wird durchaus ein anderes als vorher. Der erstere ist nicht für die letzteren, beide sind für die Wissenschaft da." [19]) Dieses auf Kooperation angelegte, grundsätzlich egalitäre Ergänzungsverhältnis sollte in den diskursiven Formen des Seminarbetriebs verwirklicht werden. Es war unvereinbar mit der Personalstruktur, die sich schon bald in den hierarchisch gegliederten Instituten einer am Vorbild der experimentellen Naturwissenschaften orientierten Forschung herausbildete.

Überschwenglich war schließlich die Idee der Einheit von Wissenschaft und Aufklärung, soweit sie die Autonomie der Wissenschaften mit der Erwartung befrachtete, daß die Universität innerhalb ihrer Mauern wie in einem Mikrokosmos eine Gesellschaft von Freien und Gleichen antizipieren könne. Die philosophische Wissenschaft schien derart die allgemeinen Kompetenzen der Gattung in sich zusammenzufassen, daß die höheren wissenschaftlichen Anstalten für Humboldt nicht nur als Spitze des gesamten Bildungssystems galten, sondern als „Gipfel der moralischen Kultur der Nation". Freilich blieb von Anfang an unklar, wie der aufklärerisch-emanzipatorische Auftrag mit der politischen Enthaltsamkeit zusammengehen sollte, die doch die Universität als Preis für die staatliche Organisation ihrer Freiheit entrichten mußte.

Diese institutionellen Voraussetzungen für eine Implementierung der Gründungsidee der deutschen Universität waren entweder von Anfang an nicht gegeben oder konnten im Laufe des 19. Jahrhunderts immer weniger erfüllt werden. Ein differenziertes Beschäftigungssystem erforderte erstens die wissenschaftliche Vorbereitung auf immer mehr akademische Berufe. Die Technischen Hochschulen, Handelshochschulen, Pädagogische Hochschulen, Kunsthochschulen konnten nicht auf Dauer neben den Universitäten bestehen bleiben. Sodann folgten die aus dem Schoß der philosophischen Fakultät entspringenden Erfahrungswissenschaften einem methodischen Ideal der Verfahrensrationalität, das jeden Versuch der enzyklopädischen Einbettung ihrer Inhalte in eine philosophische Gesamtdeutung zum Scheitern verurteilte.[20]) Diese Emanzipation der Erfahrungswissenschaften besiegelte den Zerfall einheitlich-metaphysischer Weltdeutungen. Inmitten eines Pluralismus von Glaubensmächten verlor die Philosophie auch ihr Monopol für die Deutung der Kultur im ganzen. Drittens avancierte die Wissenschaft zu einer wichtigen Produktivkraft der industriellen Gesellschaft. Mit dem Blick auf Liebigs Institut in Gießen betonte bespielsweise die badische Staatsregierung schon 1850 die „außerordentliche Bedeutung der Chemie für die Landwirtschaft". [21]) Die Naturwissenschaften büßten ihre Weltbildfunktion zugunsten der Erzeugung technisch verwertbaren Wissens ein. Die Arbeitsbedingungen der institutsförmig organisierten Forschung waren weniger auf Funktionen allgemeiner Bildung als auf die funktionalen Imperative von Wissenschaft und Verwaltung zugeschnitten. Schließlich diente die akademische Bildung in Deutschland der sozialen Abgrenzung einer am Modell des höheren Beamten orientierten bildungsbürgerlichen Schicht. [22]) Mit dieser Befestigung der berufsständischen Differenzierung zwischen Volksbildung und akademischer Bildung wurden aber Klassenstrukturen bestätigt, die den universalistischen Gehalt der Universitätsidee und das Versprechen, das diese für die Emanzipation der Gesellschaft im ganzen verheißen hatte, nachhaltig dementierten. [23])

Je stärker diese gegenläufigen Entwicklungen zu Bewußtsein kamen, umso mehr mußte die Idee der Universität gegen die Tatsachen behauptet werden – sie verkam zur Ideologie eines Berufsstandes mit hohem sozialen Prestige. Für die Geistes- und Sozialwissenschaften datiert Fritz K. Ringer den Verfall der Kultur der deutschen Mandarine auf die Periode von 1890 bis 1933. [24]) In der machtgeschützten Innerlichkeit dieser Mandarine hat sich das neuhumanistische Bildungsideal zu dem geistesaristokratischen, unpolitischen, obrigkeitskonformen Selbstverständnis einer praxisfernen, nach innen autonomen, forschungsintensiven Bildungsanstalt verformt. [25]) Man muß freilich auch die positive Seite sehen. Die Idee der Universität hat in beiderlei Gestalt – sowohl als Idee wie als Ideologie – zu dem Glanz und dem international unvergleichlichen Erfolg der deutschen Universitätswissenschaft im 19. Jahrhundert, sogar bis in die 30er Jahre unseres Jahrhunderts hinein, beigetragen. Sie hat nämlich mit der staatlich organisierten Wissenschaftsautonomie die Ausdifferenzierung der wissenschaftlichen Disziplinen der freigesetzten inneren Dynamik der Forschungsprozesse selbst überantwortet. Unter dem Schirm eines nur äußerlich rezipierten Bildungshumanismus haben die Naturwissenschaften alsbald ihre Autonomie gewonnen und sind mit ihrer institutsförmig organisierten Forschungsarbeit auch für die zunächst seminaristisch betriebenen Geistes- und Sozialwissenschaften zu einem, bei allem Positivismus fruchtbaren Vorbild geworden.[26]) Gleichzeitig hat die Ideologie der deutschen Mandarine der Hochschule ein starkes korporatives Selbstbewußtsein, Förderung vonseiten des Kulturstaates und eine gesamtgesellschaftlich anerkannte Position verschafft. Und nicht zuletzt hat der utopische Überschuß, der der Universitätsidee innewohnt, auch ein kritisches Potential bewahrt, das mit den zugleich universalistischen und individualistischen Grundüberzeugungen des okzidentalen Rationalismus in Einklang stand und von Zeit zu Zeit für eine Erneuerung der Institution wieder belebt werden konnte.

IV

Das jedenfalls glaubten die Reformer Anfang der 60er Jahre. Nach 1945 hatte der erste Impuls zur Erneuerung nicht ausgereicht. Neben der materiellen Erschöpfung bestand eine Erschöpfung des korporativen Bewußtseins. Die Universitätsidee hatte in der Traditionsgestalt des Mandarinenbewußtseins auch die Nazis überlebt; aber durch erwiesene Ohnmacht gegen oder gar Komplizenschaft mit dem

Naziregime war sie vor aller Augen ihrer Substanzlosigkeit überführt worden. Immerhin blieben nach 1945 die Traditionalisten der Humboldtschen Idee auch in der Defensive stark genug, um wohlgemeinte Reformversuche hinzuhalten und sich mit den Pragmatikern des Ende der 50er Jahre gegründeten Wissenschaftsrats zu arrangieren. Das unvermeidlich gewordene quantitative Wachstum der Universitäten vollzog sich dann als ein Ausbau in unveränderten Strukturen. Thomas Ellwein faßt rückblickend die Nicht-Entscheidung in der Formel zusammen: Ausbau statt Neubau, Beibehaltung des hierarchischen Aufbaus der Universität im Inneren und des tertiären Bildungsbereichs im ganzen – mit den Universitäten an der Spitze.[27])

In dieser Situation greift Jaspers wiederum auf Humboldt zurück; Schelsky und die Studenten des SDS versuchen eine kritische Aneignung desselben Erbes aus einer gewissen sozialwissenschaftlichen Distanz, indem sie ihren Reformvorschlägen eine nüchterne Diagnose des inzwischen eingetretenen Strukturwandels der Universität voranschicken. Unter dem Stichwort der Vergesellschaftung der Universität bei gleichzeitiger Verwissenschaftlichung der Berufspraxis untersuchen sie die Ausdifferenzierung der Fächer, die Institutionalisierung der Forschung, die Verschulung der akademischen Ausbildung, den Verlust der bildenden und aufklärenden Funktionen der Wissenschaft, die veränderte Personalstruktur usw . Im Hintergrund stehen schon die internationalen Vergleiche der Bildungssoziologen, die Bedarfsanalysen der Bildungsökonomen, die bürgerrechtlichen Postulate der Bildungspolitiker. Alles das faßt Schelsky unter dem Titel „Sachgesetzlichkeiten“ zusammen. Denn diese Prozesse haben einen systemischen Charakter und erzeugen Strukturen, die sich von der Lebenswelt ablösen; sie höhlen das korporative Bewußtsein der Universität aus, sie zersprengen jene Einheitsfiktionen, die Humboldt, Schleiermacher und Schelling einst mit der totalisierenden Kraft der wissenschaftlichen Reflexion begründen wollten. Interessanterweise entscheidet sich Schelsky aber ebensowenig wie die linken Reformer für eine bloße Anpassung der Universitäten an die Sachgesetzlichkeiten; er setzt nicht auf die Art von technokratischer Dauerreform, die sich inzwischen tatsächlich eingespielt hatte. Diese Option hätte seine damals entwickelte Technokratietheorie sogar erwarten lassen. Stattdessen schöpft Schelsky aus dem Fundus der Humboldtschen Ideen, um dazu aufzurufen, die Sachgesetzlichkeiten „zu gestalten": „Das Entscheidende ist nun, daß diese sachgesetzlichen Entwicklungstendenzen einseitig sind . . ., daß dazu eine Rückbindung und gestaltende Gegenkräfte ins Spiel treten müssen, die nicht selbstverständlich sind und nur in schöpferischer Anstrengung vollzogen werden können."[28]) Das ausdifferenzierte Wissenschaftssystem soll eben nicht nur mit Wirtschaft, Technik und Verwaltung zusammenwachsen, sondern über die traditionelle Bündelung ihrer Funktionen in der Lebenswelt verwurzelt *bleiben*. Und wiederum soll diese Funktionsbündelung aus der Struktur der Wissenschaft selbst erklärt werden.

Die theoretisch anspruchsvollen Reforminitiativen der frühen 60er Jahre gehen also noch einmal von der Konzeption einer Wissenschaft aus, der man doch noch eine irgendwie einheitsstiftende Kraft zutrauen darf; und wiederum wird die Universität nur als deren äußere, organisatorische Gestalt begriffen. Natürlich hatte sich die Stellung der Philosophie zu den Wissenschaften inzwischen so verändert, daß nicht länger sie selbst das Zentrum der ausdifferenzierten Fachwissenschaften bildete. Aber wer sollte den vakanten Platz einnehmen? War es überhaupt nötig, an der Idee der Einheit der Wissenschaften festzuhalten? Die totalisierende Kraft des Wissenschaftsprozesses konnte gewiß nicht mehr als Synthese gedacht und durch einen metaphysischen Gegenstandsbezug zum Absoluten oder zur Welt im ganzen gesichert werden. Eine Theorie, die den Zugriff aufs Ganze – sei es direkt oder im Durchgang durch die Fachwissenschaften hindurch – riskiert hätte, stand nicht mehr zur Diskussion.

Eine vergleichsweise konventionelle Antwort gibt Jaspers. Er gesteht zu, daß die Rationalität der zieloffenen, allein methodisch bestimmten Erfahrungswissenschaften rein prozedural ist und eine inhaltliche Einheit im unvorhersehbar sich ausdifferenzierenden Fächerkanon nicht mehr begründen kann; aber der in die Peripherie zunächst abgedrängten, auf die Aufgaben der Existenzerhellung und der Analyse eines nicht objektivierbaren Umgreifenden zurückgenommenen Philosophie will Jaspers dann doch eine Sonderrolle gegenüber den freigelassenen Disziplinen vorbehalten. Die Wissenschaften sollen sogar der Führung durch die Philosophie bedürfen, weil nur diese das Motiv des unbedingten Wissenwollens und den Habitus der wissenschaftlichen Denkungsart durch Reflexion auf die Voraussetzung und durch Vergewisserung der leitenden Ideen der Forschung sichern könne. So behält die Philosophie mindestens die Rolle einer Hüterin der Idee der Universität – und damit eine Berufung zum Schrittmacher von Reformen.

Weniger idealistisch sind Schelskys Überlegungen, der die Philosophie durch eine Theorie der Wissenschaften ersetzt. Er geht von einer Dreiteilung des Fächerkanons in Natur-, Sozial- und Geisteswissenschaften aus. Die Fächer entfalten sich autonom; die drei Fachgruppen sind aber mit ihren spezifischen Wissensformen auf je andere Weise mit der modernen Gesellschaft funktional verzahnt. Sie können nicht mehr insgesamt durch philosophische Reflexion umgriffen werden; die Philosophie wandert vielmehr in die Wissenschaften ab und nistet sich in ihnen ein als eine Selbstreflexion der jeweiligen Disziplin. Für die fiktiv gewordenen Einheiten der Humboldtschen Universität entsteht so ein Äquivalent: „Indem die Philosophie *aus* den Fachwissenschaften *hervorgeht* und, diese zu ihrem Gegenstand machend, kritisch transzendiert, gewinnt sie indirekt wieder das Ganze der wissenschaftlichen Zivilisation als ihren Gegenstand. Indem sie die Grenzen und Bedingungen der Einzelwissenschaften erforscht, hält sie diese offen ... gegenüber der Verengung ihrer *Weltbezüge*".[29])

Ich selbst habe mich in der gleichen Zeit zum Anwalt einer materialen Wissenschaftskritik gemacht, welche die Verschränkung von methodischen Grundlagen, globalen Hintergrundannahmen und objektiven Verwertungszusammenhängen aufklären sollte.[30]) Ich hatte die gleiche Hoffnung wie Schelsky, daß in dieser Dimension der wissenschaftskritischen Selbstreflexion die lebensweltlichen Bezüge der Forschungsprozesse aus diesen selbst heraus transparent gemacht werden könnten, und zwar nicht nur die Bezüge zu den Verwertungsprozessen wissenschaftlicher Informationen, sondern vor allem die Bezüge zur Kultur im ganzen, zu allgemeinen Sozialisationssorgängen, zur Fortbildung von Traditionen, zur Aufklärung der politischen Öffentlichkeit.

Noch ein anderes Element des Humboldtschen Erbes lebte mit diesen Reforminitiativen wieder auf. Ich meine die exemplarische Bedeutung, die der Wissenschaftsautonomie über die grundrechtliche Garantie der Freiheit von Lehre und Forschung hinaus zugewiesen wurde. Jaspers verstand unter Wissenschaftsautonomie die Verwirklichung eines international verzweigten Kommunikationsnetzes, das den freien gegen den totalen Staat schützen würde.[31]) Schelsky verlieh dem eine personalistisch-existentielle Wendung: Wissenschaftsautonomie bedeutete die in pflichtgemäßer Einsamkeit eingeübte Distanzierung von, und die sittliche Souveränität gegenüber Hundlungszwängen wie systemischen Verdinglichungen, die aus den gestaltungsbedürftigen Sachgesetzlichkeiten der modernen Gesellschaft resultierten. [32]) Und für die Autoren der SDS-Hochschuldenkschrift, für die linken Reformer überhaupt verband sich mit dem, was wir damals als Demokratisierung der Hochschule verteidigt haben [33]), zwar nicht die Übertragung von Modellen der staatlichen Willensbildung auf die Universität, nicht die Bildung eines Staates im Staat, aber doch die Erwartung einer durchaus exemplarisch gemeinten politischen Handlungsfähigkeit in Form einer partizipatorischen Selbstverwaltung.

Es ist hier nicht der Ort, um die Organisationsreformen, die dann tatsächlich durchgeführt worden sind, im ganzen zu würdigen; ich stelle nur fest, daß jene Zielvorstellungen, die sich einer kritischen Aneignung der Universitätsidee verdankten, nicht realisiert worden sind. Ebensowenig kann ich auf einzelne Gründe eingehen, die sich retrospektiv anbieten, wenn man das Scheitern dieses Teils der Reforminitiativen erklären möchte. In einem Nachtrag zu seinem Buch erklärt Schelsky 1970 das Scheitern der Reformen damit, daß sich das Wissenschaftssystem unter dem Zwang zur Komplexitätssteigerung hochgradig ausdifferenziert hat und daher in seinen verschiedenen Funktionen „nicht mehr von einem gemeinsamen Leitbild her zusammengehalten werden könne.“ [33]) Der verräterische Ausdruck „Leitbild“ verweist auf Prämissen, die vielleicht wirklich zu naiv waren, um mit der Differenzierungsdynamik der Forschung selbst Schritt zu halten. Unrealistisch war offenbar die Annahme, daß sich dem disziplinär organisierten Forschungsbetrieb eine Reflexionsform einpflanzen ließe, die nicht aus der Logik der Forschung selbst hervorgetrieben wird. Die Geschichte der modernen Erfahrungswissenschaften lehrt, daß „normal science" durch Routinen gekennzeichnet ist und durch einen Objektivismus, der den Forschungsalltag gegen Problematisierung abschirmt. Reflexionsschübe werden durch Krisen ausgelöst, aber auch dann vollzieht sich die Verdrängung degenerierender durch neue Paradigmen eher naturwüchsig. Wo hingegen Grundlagenreflexion und Wissenschaftskritik auf Dauer gestellt werden, etablieren sie sich – wie die Philosophie selbst – als Fach neben Fächern. Nicht weniger unrealistisch war die Erwartung, daß die kollegiale Selbstverwaltung der Hochschulen allein durch eine funktional gegliederte Partizipation der beteiligten Gruppen mit politischem Leben erfüllt und politische Handlungsfähigkeit erlangen würde – erst recht, wenn die Reform gegen den Willen der Professoren auf dem Verwaltungswege erzwungen werden mußte. Wenn aber der innere Zusammenhang der Universität nicht einmal mehr unter diesen Prämissen zu retten ist, müssen wir uns dann nicht doch eingestehen, daß diese Institution auch ganz gut ohne jene liebgewordene Idee auskommt, die sie einmal von sich selbst gehabt hat?

V

Die sozialwissenschaftliche Systemtheorie trifft mit der Wahl ihrer Grundbegriffe eine Vorentscheidung: sie unterstellt, daß *alle* sozialen Handlungsbereiche unterhalb der Ebene normativer Orientierungen durch wertneutrale Steuerungsmechanismen wie Geld oder administrative Macht zusammengehalten werden. Für die Systemtheorie gehört die integrative Kraft von Ideen und Institutionen apriori zum mehr oder weniger funktionalen Überbau eines Substrats von Handlungs- und Kommunikationsflüssen, die systemisch aufeinander abgestimmt sind und dazu keiner Normen bedürfen. Diese rein methodische Vorentscheidung halte ich für voreilig. Normen und Wertorientierungen sind *stets* eingebettet in den Kontext einer Lebenswelt; diese mag noch so differenziert sein, sie bleibt die Totalität im Hintergrund und holt deshalb alle Differenzierungsprozesse auch wieder ein in den Sog ihrer Totalisierung. Die Funktionen der Lebenswelt – kulturelle Reproduktion, Sozialisation und soziale Integration – mögen sich in speziellen Handlungsbereichen ausdifferenzieren, letztlich *bleiben* sie, gebannt in den Horizont der Lebenswelt, auch miteinander verschränkt. Eben diesen Umstand wenden die Systemtheoretiker zu ihren Gunsten: ein theoretischer Ansatz, der die integrative Kraft von Ideen und Institutionen noch ernst nimmt – beispielsweise die Idee der Universität – bleibe hinter der gesellschaftlichen Komplexität zurück. Denn in modernen Gesellschaften bildeten sich autonome, keineswegs miteinander verschränkte Subsysteme heraus, die auf genau eine Funktion, auf nur eine Art von Leistungen spezialisiert seien.

Diese Behauptung zieht ihre Evidenz aus dem Anblick einer über Geld gesteuerten Wirtschaft oder einer über Machtbeziehungen regulierten staatlichen Verwaltung. Problematisch ist dabei die *Verallgemeinerung* dieser Beobachtung auf *alle* Handlungssysteme – erst daraus bezieht die Systemtheorie ihre Pointe. Sie suggeriert, daß jeder Handlungsbereich, wenn er nur au courant bleiben will mit der gesellschaftlichen Modernisierung, diese Gestalt funktional spezifizierter, über Steuerungsmedien ausdifferenzierter, voneinander entkoppelter Teilsysteme annehmen müsse. Sie fragt gar nicht erst, ob das für alle Handlungsbereiche gelten kann, beispielsweise für kulturelle Handlungssysteme wie den Wissenschaftsbetrieb, dessen Kernsektor bisher immer noch in einem *funktionsbündelnden* Institutionensystem untergebracht ist – in wissenschaftlichen Hochschulen, die keineswegs in gleicher Weise wie kapitalistische Unternehmungen oder internationale Behörden dem Horizont der Lebenswelt entwachsen sind. Es muß sich erst noch zeigen, ob sich die aus der Universität ausgelagerte Groß- und Grundlagenforschung vom generativen Prozeß der in den Hochschulen organisierten Wissenschaft ganz wird lösen können – ob sie ganz auf eigenen Beinen wird stehen können oder doch parasitär bleibt. Daß eine von universitären Formen, also auch von der Forschung abgeschnittene wissenschaftliche Fachausbildung Schaden nehmen müßte, ist mindestens eine plausible Vermutung. Gegen die systemtheoretische Überverallgemeinerung spricht vorerst die Erfahrung, die Schelsky so formuliert: „Das Einmalige in der institutionengeschichtlichen Entwicklung der modernen Universität besteht darin, daß sich in diesem Falle die Funktionsdifferenzierung *innerhalb* der gleichen Institution vollzieht und kaum ein Funktionsverlust durch Abgabe von Aufgaben an andere Organisationen eintritt. Man kann im Gegenteil eher von einer Funktionsbereicherung, mindestens von einem Bedeutungsgewinn und einer Verbreiterung der Funktionsbereiche der Universität in ihrer Entwicklung während des letzten Jahrhunderts sprechen". [34])

So geht denn auch Talcott Parsons in seinem für die Hochschulsoziologie bis heute maßgebenden Buch über die Amerikanische Universität [35]) unbefangen davon aus, daß das Hochschulsystem *vier* Funktionen *gleichzeitig* erfüllt: die Kernfunktion (a) der Forschung und der Förderung des wissenschaftlichen Nachwuchses geht Hand in Hand mit (b) der akademischen Berufsvorbereitung (und der Erzeugung technisch verwertbaren Wissens) auf der einen Seite, mit (c)

Aufgaben der allgemeinen Bildung und (d) Beiträgen zu kultureller Selbstverständigung und intellektueller Aufklärung andererseits. Parsons kann sich auf das institutionell stärker differenzierte Hochschulsystem in den USA beziehen und die ersten drei der genannten Funktionen verschiedenen Institutionen – den graduate schools, den professional schools und den colleges zuordnen. Aber jede dieser Institutionen ist in sich noch einmal so differenziert, daß sie sich jeweils mit verchiedener Gewichtung nach allen Funktionsbereichen hin verzweigt. Nur die vierte Funktion hat keine eigene Trägerinstitution; sie wird über die Intellektuellenrolle der Professoren erfüllt. Wenn man bedenkt, daß Parsons in dieser vierten Funktion beides unterbringt: nicht nur die nach außen gerichteten, an die Öffentlichkeit adressierten Aufklärungsleistungen, sondern auch die Reflexion auf die eigene Rolle der Wissenschaften und auf das Verhältnis der kulturellen Wertsphären Wissenschaft, Moral und Kunst zueinander, erkennt man, daß dieser Funktionenkatalog in verwandelter Gestalt genau das wiedergibt, was die preußischen Reformer einst als „Einheiten" fingiert hatten: als Einheit von Forschung und Lehre, als Einheit von Wissenschaft und allgemeiner Bildung, als Einheit von Wissenschaft und Aufklärung und als Einheit der Wissenschaften.

Diese letzte Idee hat freilich ihre Bedeutung gravierend verändert; denn die offen ausdifferenzierte Mannigfaltigkeit der wissenschaftlichen Disziplinen stellt nicht mehr als solche das Medium dar, das alle jene Funktionen bündeln kann. Nach wie vor stehen jedoch die universitären Lernprozesse nicht nur im Austausch mit Wirtschaft und Verwaltung, sondern in einem inneren Zusammenhang mit den Reproduktionsfunktionen der Lebenswelt. Hinausgehend über akademische Berufsvorbereitung leisten sie mit der Einübung in die wissenschaftliche Denkungsart, d.h. in eine hypothetische Einstellung gegenüber Tatsachen und Normen, ihren Beitrag zu allgemeinen Sozialisationsvorgängen; hinausgehend über Expertenwissen leisten sie mit fachlich informierten zeitdiagnostischen Deutungen und sachbezogenen politischen Stellungnahmen einen Beitrag zur intellektuellen Aufklärung; hinausgehend über Methoden- und Grundlagenreflexion leisten sie mit den Geisteswissenschaften auch eine hermeneutische Fortbildung von Traditionen, mit Theorien der Wissenschaft, der Moral, der Kunst und Literatur einen Beitrag zur Selbstverständigung der Wissenschaften im Ganzen der Kultur. Es ist die universitäre Form der Organisation wissenschaftlicher Lernprozesse, die auch noch die ausdifferenzierten Fachdisziplinen über die *gleichzeitige* Erfüllung dieser verschiedenen Funktionen in der Lebenswelt verwurzelt.

Die Ausdifferenzierung der Fächer verlangt freilich eine entsprechend starke Differenzierung im Inneren der Universität. Das ist ein Vorgang, der sich immer noch fortsetzt – beispielsweise auf dem vom Wissenschaftsrat empfohlenen Weg der Einrichtung von Graduiertenkollegs. Verschiedene Funktionen werden von verschiedenen Personengruppen an verschiedenen institutionellen Orten mit verschiedener Gewichtung wahrgenommen. Das korporative Bewußtsein verdünnt sich mithin zu dem intersubjektiv geteilten Wissen, daß zwar andere anderes tun als andere, daß aber alle zusammengenommen, indem sie auf diese oder jene Art Wissenschaft treiben, nicht nur eine, sondern ein Bündel von Funktionen erfüllen. Diese bleiben über den arbeitsteilig betriebenen Wissenschaftsprozeß miteinander verschränkt. Daß die Funktionen gebündelt bleiben, läßt sich aber heute kaum noch, wie Schelsky meinte, auf die Bindungskraft des normativen Leitbildes der deutschen Universität zurückführen. Wäre das überhaupt wünschenswert?

Es ist gewiß nützlich, ein 600-jähriges Gründungsjubiläum auch dazu zu nutzen, um an die Idee der Universität und an das, was von ihr übriggeblieben ist, zu erinnern. Das wie immer auch verdünnte korporative Bewußtsein der Universitätsangehörigen wird durch eine solche Erinnerung vielleicht sogar gefestigt – dies aber nur dann, wenn die Erinnerungsarbeit selber die Form einer wissenschaftlichen Analyse annimmt und nicht bloß eine Zeremonie bleibt, die für den technokratischen Hochschulalltag mit Sonntagsgefühlen entschädigen soll. Um das korporative Selbstverständnis der Universität wäre es schlecht bestellt, wenn es in so etwas wie einem normativen Leitbild verankert wäre; denn Ideen kommen und gehen. Der Witz der alten Universitätsidee bestand gerade darin, daß sie in etwas Stabilerem gegründet werden sollte – eben in dem auf Dauer ausdifferenzierten Wissenschaftsprozeß selber. Wenn nun aber die Wissenschaft als ein solcher Ideenanker nicht mehr taugt, weil die Mannigfaltigkeit der Disziplinen keinen Raum mehr läßt für die totalisierende Kraft sei es einer alles umfassenden philosophischen Grundwissenschaft oder auch nur einer aus den Fächern selbst hervorgehenden Reflexionsform materialer Wissenschaftskritik, worin könnte dann ein integrierendes Selbstverständnis der Korporation gegründet sein?

Die Antwort findet sich bereits bei Schleiermacher: „Das erste Gesetz jedes auf Erkenntnis gerichteten Bestrebens (ist): Mitteilung; und in der Unmöglichkeit, irgendetwas auch nur für sich allein ohne Sprache hervorzubringen, hat die Natur selbst dieses Gesetz ganz deutlich ausgesprochen. Daher müssen sich rein aus dem Triebe nach Erkenntnis . . . auch alle zu seiner zweckmäßigen Befriedigung nötigen Verbindungen, die verschiedenen Arten der Mitteilung und der Gemeinschaft aller Beschäftigungen von selbst gestalten.“ Ich stütze mich auf diesen einen von Schleiermachers „Gelegentlichen Gedanken über Universitäten im deutschen Sinne“[36]) ohne Sentimentalität, weil ich im Ernst meine, daß es die kommunikativen Formen der wissenschaftlichen Argumentation sind, wodurch die universitären Lernprozesse in ihren verschiedenen Funktionen letztlich zusammengehalten werden. Schleiermacher hält es für „einen leeren Schein, als ob irgendein wissenschaftlicher Mensch abgeschlossen für sich in einsamen Arbeiten und Unternehmungen lebe“; so sehr er in Bibliothek, am Schreibtisch, im Laboratorium alleine zu arbeiten scheint, so unvermeidlich sind seine Lernprozesse eingelassen in eine öffentliche Kommunikationsgemeinschaft der Forscher. Weil das Unternehmen kooperativer Wahrheitssuche auf diese Strukturen einer öffentlichen Argumentation verweist, kann Wahrheit – oder sei's auch nur die in der community of investigators erworbene Reputation – niemals zum bloßen Steuerungsmedium eines selbstgeregelten Subsystems werden. Die wissenschaftlichen Disziplinen haben sich in fachinternen Öffentlichkeiten konstituiert, und nur in diesen Strukturen können sie sich ihre Vitalität erhalten. Die fachinternen Öffentlichkeiten schließen zusammen und verzweigen sich wiederum in den universitätsöffentlichen Veranstaltungen Der altväterliche Titel des Ordentlichen öffentlichen Professors erinnert an den Öffentlichkeitscharakter der Vorlesungen, der Seminare und der wissenschaftlichen Kooperation in den Arbeitsgruppen der angegliederten Institute. Es gilt eben nicht nur für die Idealform des Seminars, sondern für die Normalform der wissenschaftlichen Arbeit, was Humboldt vom komunikativen Umgang der Professoren mit ihren Studenten gesagt hat: der Lehrer würde, „wenn sie (Studenten und jüngere Kollegen) sich nicht von selbst um ihn versammelten, sie aufsuchen, um seinem Ziele näher zu kommen durch die Verbindung der geübten, aber eben darum auch leichter einseitigen und schon weniger lebhaften Kraft mit der schwächeren und noch parteiloser nach allen Richtungen mutig hinstrebenden.“[37])

Ich kann Ihnen versichern, daß sich dieser Satz in dem fester organisierten Betrieb eines Max-Planck-Institutes nicht weniger bewahrheitet als in einem philosophischen Seminar. Noch jenseits der Universität behalten wissenschaftliche Lernprozesse etwas von ihrer universitären Ursprungsform. Sie alle leben von der Anregungs- und Produktivkraft eines diskursiven Streites, der die promissory note des überraschenden Argumentes mit sich führt. Die Türen stehen offen, in jedem Augenblick kann ein neues Gesicht auftauchen, ein neuer Gedanke unerwartet eintreten.

Ich möchte nun nicht den Fehler wiederholen, die Kommunikationsgemeinschaft der Forscher ins Exemplarische zu stilisieren. Im egalitären und universalistischen Gehalt ihrer Argumentationsformen drücken sich zunächst nur die Normen des Wissenschaftsbetriebs aus, nicht die der Gesellschaft im ganzen. Aber sie haben auf prononcierte Weise Teil an jener kommunikativen Rationalität, in deren Formen moderne, also nicht festgestellte, leitbildlose Gesellschaften sich über sich selbst verständigen müssen.

Anmerkungen

[1]) K. Jaspers, K. Rossmann, Die Idee der Universität, Hd. 1961.
[2]) Jaspers, Rossmann (1961), 36.
[3]) K. Reumann, Verdunkelte Wahrheit, FAZ vom 24. März 1986.
[4]) H. Schelsky, Einsamkeit und Freiheit, Hbg. 1963, 274.
[5]) W. Nithsch, U. Gerhardt, C. Offef, U. K, Preuss, Hochschule in der Demokratie, Neuwied 1965, VI.
[6]) Jaspers (1961), 7.

7) Nicht berücksichtigt sind weitere 94 Fachhochschulen und 26 Kunsthochschulen. Vgl. H. Köhler, J. Naumann, Trends der Hochschulentwicklung 1970 bis 2000, in: Recht der Jugend und des Bildungswesens, 32. Jg. 1984, H. 6, 419 ff. Ein Überblick in: Max-Planck-Institut f. Bildungsforschung, Das Bildungswesen in der Bundesrepublik, Hbg. 1984, 228 ff.

8) MPI für Bildungsforschung, Bildungsbericht II.

9) Wissenschaftsrat, Empfehlungen und Stellungnahmen 1984; ders., Empfehlungen zum Wettbewerb im deutschen Hochschulsystem 1985; ders., Empfehlungen zur Struktur des Studiums 1985; Empfehlungen zur klinischen Forschung 1985.

10) K. Hüfner, J. Naumann, H. Köhler, G. Pfeffer, Hochkonjunktur und Flaute: Bildungspolitik in der BRD, Stuttg. 1986, 200 ff. Vgl. auch: K. Hüfner, J. Naumann, Konjunkturen der Bildungspolitik in der BRD, Stuttg. 1977.

11) Dafür sprechen auch die nationalen Ungleichzeitigkeiten der Karrieren von bildungsreformerischen Vorschlägen. So haben beispielsweise im vergangenen Jahr die 50 Professoren am Collège de France dem französischen Präsidenten Bildungsreformempfehlungen vorgelegt, die in Tenor und Zielsetzung an das Reformklima der späten 60er Jahre in der Bundesrepublik erinnern; die von Pierre Bourdieu inspirierten Empfehlungen sind erschienen in: Neue Sammlung, Jg. 25, 1985, H. 3.

12) W. von Humboldt, Über die innere und äußere Organisation der höheren wissenschaftlichen Anstalten (1810), in: E. Anrich (Hg.), Die Idee der Deutschen Universität, Darmst. 1959, 379.

13) „Wenigstens ein anständiges und edeles Leben gibt es für den Staat ebensowenig als für den einzelnen, ohne mit der immer beschränkten Fertigkeit auf dem Gebiete des Wissens doch einen allgemeinen Sinn zu verbinden. Für alle diese Kenntnisse macht der Staat natürlich und notwendig eben die Voraussetzung wie der einzelne, daß sie in der Wissenschaft müssen begründet sein, und nur durch sie recht können fortgepflanzt und vervollkommnet werden.“ F. Schleiermacher, Gelegentliche Gedanken über Universitäten im deutschen Sinn (1808), in: E. Anrich, (1959), 226.

14) F. W. J. Schelling, Vorlesungen über die Methode des akademischen Studiums (1802), in: Anrich (1959), 20.

15) Schelling, in: Anrich (1959), 21.

[16]) E. Martens, H. Schnädelbach, Philosophie – Grundkurs, Hbg. 1985, 22 ff.

[17]) J. G. Fichte, Deduzierter Plan einer in Berlin zu errichtenden höheren Lehranstalt, in: Anrich (1959), 217.

[18]) Schleiermacher, a.a.O. 259 f.

[19]) Humboldt, a.a.O. 378.

[20]) Zu den Reaktionen der deutschen Philosophie auf diese neue Situation vgl. H. Schnädelbach, Philosophie in Deutschland 1931 – 1933, Ffm. 1983, 118 ff.

[21]) J. Klüwer, Universität und Wissenschaftssystem, Ffm. 1983, 1985.

[22]) L. von Friedeburg, Elite – elitär?, in: G. Becker u.a. (Hg.), Ordnung und Unordnung, Weinheim 1986, 23 ff.

[23]) Th. Ellwein, Die deutsche Universität, Königstein 1985, 124 ff.

[24]) F. K. Ringer, The Decline of the German Mandarins, Cambr., Mass. 1969.

[25]) Vgl. meine Rezension des Buches von Ringer: Die deutschen Mandarine, in: J. Habermas, Philosophisch-Politische Profile, Ffm. 1981, 458 ff.

[26]) Vgl. zu dieser These J. Klüwer (1983).

[27]) Ellwein (1985), 238.

[28]) Schelsky (1963), 275.

[29]) Schelsky (1963), 290.

[30]) J. Habermas, Vom sozialen Wandel akademischer Bildung; ders., Universität in der Demokratie – Demokratisierung der Universität, beide in: ders., Kleine Politische Schriften I–IV, Ffm. 1981, 101 ff. und 134 ff.

[31]) Jaspers (1981), 33 ff.

[32]) Schelsky (1963), 299: „Die Gefahr, daß der Mensch sich nur in äußere, umweltverändernde Handlung auslegt und alles, den anderen Menschen und sich selbst, in dieser Gegenstandsebene der konstruktiven Handlung festhält und behandelt. Diese neue Selbstentfremdung des Menschen, die ihm die innere Identität seiner selbst und des anderen rauben kann, diese neue metaphysische Versuchung des Menschen, ist die Gefahr, daß der Schöpfer sich in sein Werk, der Konstrukteur in seine Konstruktion verliert. Der Mensch schaudert zwar davor zurück, sich restlos in die selbstproduzierte Objektivität, in ein konstruiertes Sein, zu transferieren und arbeitet doch unauf-

hörlich am Fortgang dieses Prozesses der wissenschaftlich-technischen Selbstobjektivierung."

[33]) Schelsky, Einsamkeit und Freiheit, 2. Aufl. Hbg. 1970, 243.

[34]) Schelsky (1961), 267.

[35]) T. Parsons, G. M. Platt, The American University, Cambr. Mass. 1973, vgl. Appendix zu Kap. 2, S. 90 ff.

[36]) in: Anrich (1959), 224.

[37]) Humboldt, in: Anrich (1959), 378.